DIE WELT DER MATHEMATIK

DIE WELT DER MATHEMATIK

COMPUTERGRAFIK ZWISCHEN WISSENSCHAFT UND KUNST

HERBERT W. FRANKE UND HORST HELBIG

VDI-VERLAG GMBH

VERLAG DES VEREINS DEUTSCHER INGENIEURE · DÜSSELDORF

CIP-Kurztitelaufnahme der Deutschen Bibliothek

Franke, Herbert W.:
Die Welt der Mathematik:
Computergrafik zwischen Wissenschaft
und Kunst

Herbert W. Franke, Horst Helbig. –
Düsseldorf: VDI-Verlag, 1988.

ISBN 3-18-400792-8
NE: Helbig, Horst

© VDI-Verlag GmbH, Düsseldorf 1988

Alle Rechte, auch das des auszugweisen Nachdruckes, der auszugweisen oder vollständigen photomechanischen Wiedergabe (Photokopie, Mikrokopie) und das der Übersetzung, vorbehalten.

Gesamtherstellung: Druckhaus Maack, Lüdenscheid
Lithos: Wittemann + Küppers, Frankfurt

Printed in Germany

ISBN 3-18-400792-8

INHALT

6
Vorwort

9
Mathematik in Bildern

13
Grafik aus dem Computer

21
Algebraische Landschaften

35
Moiré – das Abbild der Wellen

45
Verwandlungsspiele

59
Mathematische Felder

81
Kalte Logik

101
Gebrochene Dimensionen

117
Die „unwirklichen" Zahlen

133
Mathematische Ornamente

153
Das Gesetz des Zufalls

171
Kunst und Ordnung

179
Visuelles Denken

187
Anhang

VORWORT

Die Darstellung mathematischer Zusammenhänge durch Bilder ist nichts Neues. Jahrhunderte hindurch erforderte sie mühsame manuelle Arbeit, allenfalls durch Lineal und Zirkel unterstützt. Verständlich, daß man sich dabei meist auf relativ einfache Formeln beschränkte.

Durch die Entwicklung der Computergrafik wurde eine neue Art und Weise, mit Bildern umzugehen, verfügbar. Es begann mit Landkarten und Bauplänen für Architekten und führte konsequent zur dreidimensional-perspektivischen Darstellung der computerunterstützten Konstruktion von Werkzeugteilen. Was erst als technisches Hilfsmittel galt, erwies sich bald als eine umfassende Methode, die den ursprünglich gezogenen Rahmen längst gesprengt hat. Die spektakulärsten Ergebnisse findet man im Bereich von Werbung und Film: die „fotorealistisch" scheinende bewegte Darstellung von Dingen, die es nicht gibt – von der Zukunft vorweggenommener Produktform bis zu visionären Bauten und Landschaften. Diese Bilder sind so faszinierend, daß eine andere Anwendung fast übersehen wird: die Visualisierung der Wissenschaft, die Einführung der bildlichen Darstellung nicht nur für Unterrichtszwecke, sondern auch als Forschungsmittel, ja – als neue Form der wissenschaftlich-technischen Kommunikation.

Im Prinzip ist es der formelhaft beschreibbare Zusammenhang, für den es nun eine zweite Form des Ausdrucks – das Bild – gibt. Auch wenn die Fragen, um die es geht, der Naturwissenschaft und der Technik entstammen, so handelt es sich im Grunde genommen doch um mathematische Zusammenhänge. Die neu erschlossene „Bildersprache" der Mathematik bietet ein alternatives Beschreibungssystem, das jenes der üblicherweise benutzten Symbole in wünschenswerter Weise – insbesondere im Hinblick auf Anschaulichkeit und Übersichtlichkeit – ergänzt.

Damit erschließt sich eine bisher nicht bekannte Formenwelt – dem Blick ins Mikroskop oder durchs Fernrohr durchaus ebenbürtig. Im Gegensatz zu den Mikro- und Makroaufnahmen sind die Darstellungen aus der Mathematik nicht von der Natur, sondern vom Menschen geschaffen. Und demgemäß gibt es keine „wirklichkeitsgetreue" Widergabe, sondern lediglich ein Prinzip, das eine Vielfalt möglicher Realisationen erlaubt. Dabei geht es nicht nur – wie bei der Fotografie – um Ausschnitt oder Perspektive, sondern um Größen, die die Bildwirkung selbst in höchstem Maß betreffen. Der Grund dafür liegt, wie es der Mathematiker ausdrücken würde, in der Verfügbarkeit eineindeutiger Transformationen: Umformungen, die in beliebiger Weise durchgeführt und auch wieder zurückgenommen werden können, ohne daß ihr struktureller Zusammenhang, ihr Inhalt, also ihre „Aussage" verändert wird.

Die Erfahrung zeigt, daß der Mensch, der sich mit der Produktion solcher Bilder beschäftigt, die Freiheitsgrade benutzt, um die Information auf optimale Weise zu verdeutlichen. Bemerkenswerterweise führt diese Zielsetzung aber ebenso konsequent zum „schönen Bild" – wodurch sich zugleich ein höchst merkwürdiger Aspektwechsel ergibt. Was bisher ein wissenschaftliches Schaubild war, wird auf einmal zu einer Darstellung, deren Betrachtung ähnliche Effekte auslöst, wie sie die Konfrontation mit Kunstwerken ergibt. Ja – es ist sogar möglich, daß die ursprünglich gestellte Aufgabe der Beschreibung mathematischer Zusammenhänge zugunsten der gestalterischen Arbeit mehr und mehr in den Hintergrund tritt. Experimentieren mit einem bisher unbekannten Formenschatz, eine Entdeckungsreise in visuelles Neuland, voller Überraschungen! Und ebenso konsequent der zweite Schritt, durch den die Formeln der Mathematik zu einer Art Notenschrift grafischer Ausdrucksmöglichkeiten werden. Es zeigt sich, daß man auf diese Weise zu einer neuen, vielseitigen Art der Bildgestaltung kommt.

Wird die Mathematik zur Kunst, die Kunst zur Mathematik? Das ist nicht zu erwarten, denn von den Aufgaben und Zielsetzungen her sind sie verschieden. Bei der Mathematik geht es um die Erfassung logisch beschreibbarer Aufgaben mit dem Ziel eindeutiger Aussagen: in der Kunst dagegen fordert man ein Werk, das emotional beeindruckt und vielfältige, individuell verschiedene Anregungen gibt. Dies muß jedoch kein Gegensatz sein. Unzweifelhaft hat sich durch die computergrafische Methode eine Näherung ergeben – es gibt Bilder, in denen beides steckt: die wissenschaftliche Aussage, aber auch die Wirkung auf den ästhetisch empfänglichen Betrachter.

Anlaß zur Zusammenarbeit der beiden Verfasser war ein Problem, bei dem sich wissenschaftliche, technische und ästhetische Aufgabenstellungen überschnitten: Der Initiator des heute in der dritten Generation vorliegenden umfassenden Bildauswertesystems DIBIAS, Dr. Ernst Triendl, beschäftigte sich mit der Darstellung von Landkarten mit Hilfe von Farben und Texturen. Diese Aufgabe führte zum Einsatz mathematischer Gleichungen zur Erzeugung verschiedener visuell unterschiedlich wirkender Muster, und daraus ergab sich die Anregung, verschiedene Disziplinen der Mathematik auf ihre „grafische Ergiebigkeit" zu untersuchen. Schon die ersten Resultate waren so frappierend, daß das ursprüngliche Problem bald aus dem Blickfeld verschwand: an seine Stelle trat ein Projekt, bei dem es um die Frage ging, welche grafisch-ästhetische Eigenart verschiedenen mathematischen Disziplinen zukommt. Unnötig zu betonen, daß sich die daraus folgende Arbeit auf einen Zick-Zack-Weg durch das Randgebiet zwischen Mathematik und künstlerischer Gestaltung bewegte. In vielen Fällen mußten grundlegende mathematische Aufgaben gelöst werden, ehe sich daraus ansehnliche Bilder ergaben; lagen aber erst einmal Erfahrungen vor, dann war es leicht, in gezielter Weise gestalterisch tätig zu werden. Und somit ist auch das erarbeitete Resultat ein doppeltes: Auf der einen Seite kann gezeigt werden, auf welche Weise sich bestimmte Gebiete der Mathematik visualisieren lassen; auf der anderen Seite wurde ein formales Instrumentarium erarbeitet, das es ermöglicht, selbstgestellte gestalterische Aufgaben zu lösen. Die Ergebnisse – jene Bilder, von denen in diesem Buch nur ein Ausschnitt gezeigt wird – sind also Lösungen zweier grundsätzlich verschiedener Probleme: wenn man so will, Zeugnisse der neuen Verbindung zwischen Kunst und Wissenschaft.

Ich möchte an dieser Stelle meinem Freund und Kollegen Horst Helbig für die stets angenehme und anregende Zusammenarbeit danken, die oft für uns beide zu einem unvergeßlichen kreativen Erlebnis wurde.

Puppling, Sommer 1987

Herbert W. Franke

Matrizenmultiplikation

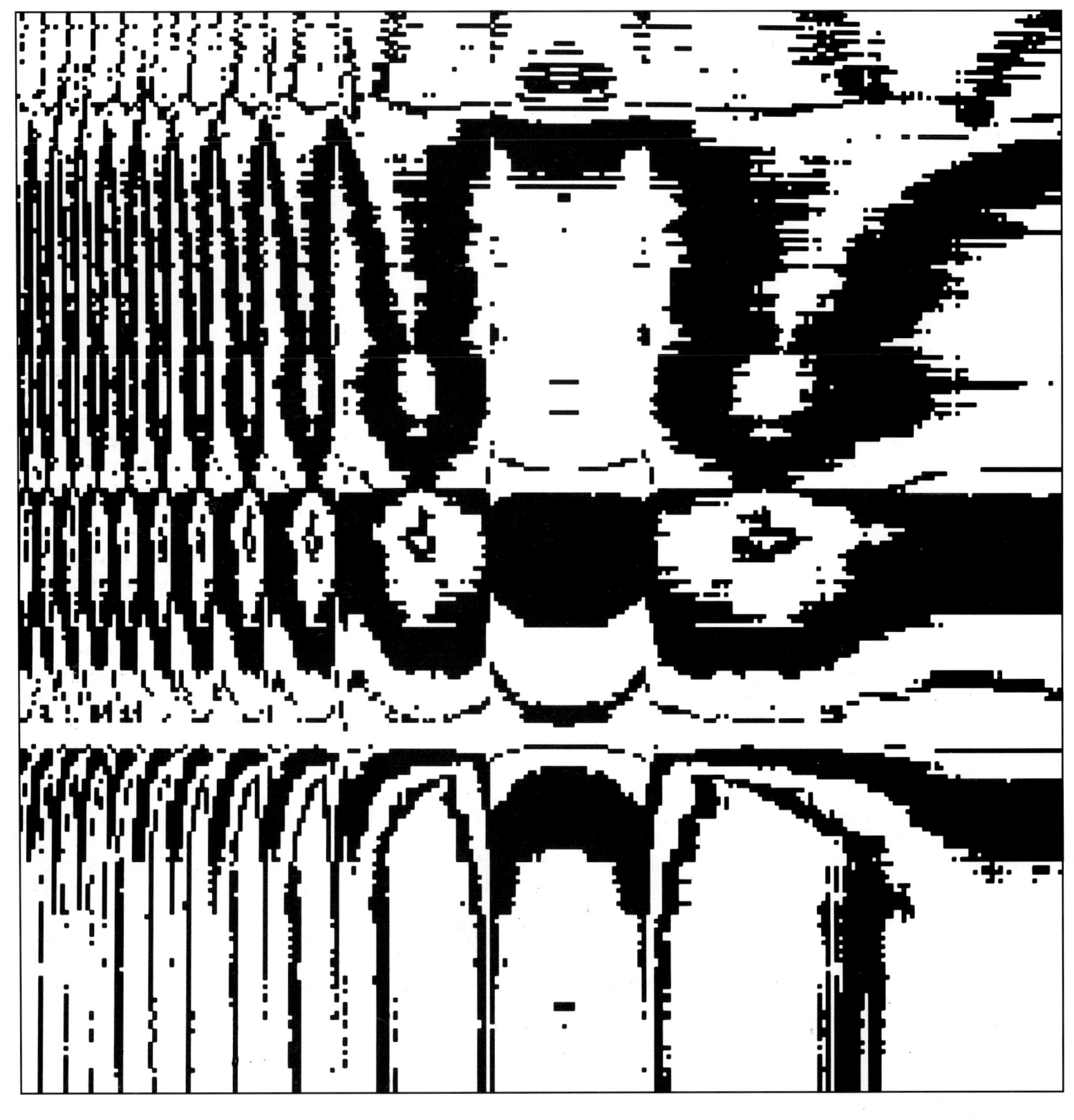

MATHEMATIK IN BILDERN

Geht es um Mathematik, dann scheiden sich die Geister. Die einen fühlen sich von ihr angezogen, die anderen abgestoßen. Die Eindeutigkeit ihrer Begriffe, die Schärfe ihrer Schlüsse ... ein Feld, in dem der menschliche Geist die höchste Stufe seiner Entfaltung erreicht. Damit verbunden aber auch ein hoher Grad von Abstraktion – das leere Schema tritt an die Stelle der Wirklichkeit. Ist das nicht geradezu ein Symbol für die Entfremdung des Menschen von seiner Welt?

Sympathie, Antipathie: Gefühlswerte, die im Zusammenhang mit Wissenschaft keine Geltung haben? Manche Mathematiker vertreten diese Ansicht. So rigoros allerdings lassen sich emotionale Komponenten auch in der Wissenschaft nicht ausklammern. Gewiß: Bei Rechnungen, Messungen, Schlüssen ist es angeraten, sachlich zu bleiben und sich nicht von Emotionen leiten zu lassen. Die Frage dagegen, warum man sich überhaupt mit einer Wissenschaft beschäftigt, ist – wie viele Wissenschaftler zugeben – sehr wohl von Gefühlen bestimmt. Die Schönheit des Sternenhimmels, das Ebenmaß der Kristalle ...

Sicher treten für Jenen, der nach den Ursachen forscht, den Zusammenhängen nachspürt, die dahintersteckenden Ordnungen erfassen will, ganz andere Fragen in den Vordergrund. Wie jeder Forscher, der in Neuland eindringt, ist er voll damit beschäftigt, seinen Weg zu finden, und oft genug wird er sich auf Details konzentrieren, die dem Außenstehenden unverständlich sind. Und vielleicht vergißt er dabei sogar, daß es einst, am Beginn seiner Tätigkeit, ganz andere Momente waren, die ihn dazu gebracht haben, sich gerade mit diesem Gebiet zu beschäftigen.

Momente der Freude, nicht selten aber auch der Enttäuschung, sind weitere, oft übersehene Begleitumstände wissenschaftlicher Arbeit. Wahrscheinlich ist die Freude darüber, einen Zusammenhang entdeckt, ein Problem gelöst zu haben, sogar der größte Antrieb für den Wissenschaftler. Und somit ist es sicher berechtigt, auch jene Aspekte zu berücksichtigen, die Interesse erwecken oder Ablehnung provozieren.

Wie jede andere Wissenschaft stellt auch die Mathematik Ansprüche an das menschliche Denkvermögen. Das war schon früher so. Dem Vernehmen nach antwortete der griechische Gelehrte Euklid 300 Jahre vor Chr. seinem Herrscher Ptolemäus I, als dieser ihn um eine schnelle Unterweisung in seinem Spezialfach bat: „Es gibt keinen Königsweg zur Geometrie".

Die Schwierigkeiten, die sich bei der Beschäftigung mit Mathematik ergeben, kommen nicht von ungefähr. Sie liegen an der Art und Weise des menschlichen Denkens, das wieder eng mit dem Vorgang der Wahrnehmung verbunden ist. Was sich der Wahrnehmung entzieht, ist auch schwer vorstellbar, und genau das scheint für die Mathematik zuzutreffen, die als eine höchst abstrakte Wissenschaft gilt. Vieles von dem, womit sie operiert, wird den reinen Denkformen zugezählt; um es in die zwischenmenschliche Kommunikation einzubringen, muß man auf symbolische Darstellungen zurückgreifen – die bekannten und gefürchteten Formelzeichen, deren Bedeutung nicht ohne weiteres ersichtlich ist.

Die Geschichte der Mathematik ist eng mit der Frage verbunden, auf welche Weise sich ihre Probleme und Resultate ausdrücken lassen. Vermutlich waren es zuerst die Finger, mit denen man Zahlen zu erfassen versuchte; das in vielen Kulturen auftretende Zehnersystem ist ein Hinweis darauf. Später tauchten im Rahmen von Schriftsystemen auch Zahlensymbole auf, beispielsweise das bekannte x-förmige Zeichen für eine römische Zehn oder der die Zahl 400 verkörpernde „Tannenzweig", den die Azteken benutzten. Schon an diesen verschiedenen Arten von Symbolen wird klar, daß die Zahlenzeichen oder Formeln nicht selbst die Mathematik sind, sondern lediglich ein Mittel zur Beschreibung mathematischer Zusammenhänge. Ihre Bedeutung geht allerdings über die Beschreibung selbst weit hinaus, sie betrifft die Funktion – die Frage also, ob sich die gewählte Symbolik mehr oder weniger gut für den Gebrauch des Rechnens eignet.

Eine Verbildlichung von Zahlen erfolgte auch schon früh durch jene Rechenbretter der Chinesen, aus denen später der Abakus wurde – der Rahmen mit den auf Stäben verschiebbaren Kugeln, der im Fernen Osten auch heute noch benutzt wird. Wesentlich an diesem Hilfsmittel ist die Tatsache, daß ihm das Dezimalsystem zugrunde liegt, was die elementaren Rechenoperationen sehr leicht macht, leichter etwa als das Rechnen mit römischen Zahlen. Von hier aus ist der Übergang zum Computer – der immerhin 2000 Jahre später kam – nur ein kleiner Schritt.

Mit den Zeichen für Zahlen und einfache Rechenoperationen gaben sich die Mathematiker freilich nicht lange zufrieden. Im Laufe der Zeit erfolgte eine ungeheure Erweiterung und Verallgemeinerung des mathematischen Denkens, und parallel dazu kam es zur Einführung immer wieder neuer Symbole, den entsprechenden Fragestellungen angemessen. Die Tatsache allerdings, daß man den Computer, der ja nur die Zahl 0 und 1 kennt, für die kompliziertesten Berechnungen universell einsetzen kann, deutet darauf hin, daß es im Grunde genommen höchst einfache elementare Begriffe und Operationen sind, auf denen das gesamte Gebäude der Mathematik beruht.

Neben der Lehre von den Zahlen, der Arithmetik, gehört zur Mathematik schon seit frühester Zeit auch die Geometrie, die sich von den übrigen Teildisziplinen in einigen Punkten wesentlich abhebt. Ihre Domäne sind räumliche Gegebenheiten, beispielsweise Strecken und Winkel, die man sich recht gut vorstellen kann. Das gilt auch für ihre Umsetzungen. Wenn sich zwei Ebenen schneiden oder ein Winkel zu teilen ist, dann ist dies der direkten Anschauung zugänglich. Es war daher ein wichtiger Beitrag zur Entwicklung der Mathematik, als es im 17. Jahrhundert gelang, die Arithmetik mit der Geometrie zu vereinigen. Das heißt nicht mehr und nicht weniger, als daß es nun möglich wurde, Zahlenbeziehungen geometrisch zu deuten und – umgekehrt – geometrische Abhängigkeiten arithmetisch zu beschreiben. Diese als „Analytische Geometrie" bezeichnete Methode ist dem französischen Mathematikgenie René Descartes zu verdanken, der die grundlegenden Gedanken 1637 in einem Buch „Die Geometrie" veröffentlichte. Damit wurde er auch zum Erfinder des „Koordinatensystems", jener räumlichen Bezugsbasis, die die Positionen von Punkten durch ihre Koordinaten – entsprechend der geografischen Länge und Breite – angibt. Unter anderem zeigte er auch, wie man Gleichungen durch Kurven, „Diagramme" oder „Graphen" genannt, darstellen kann. Im Prinzip geht die in diesem Buch verwendete Darstellungsform der Computergrafiken auf die Ideen von Descartes zurück.

Als eines der wichtigsten Prinzipien der Mathematik kann die ständig vervollkommnete Verallgemeinerung gelten: Man versucht, die entdeckten Beziehungen so zu formulieren, daß sie nicht nur für den Einzelfall, sondern möglichst umfassend gültig sind. Ein wichtiger Beitrag dazu ist die Methode der Algebra, die sich bis zu den alten Ägyptern zurückführen läßt: eine Art Symbolsprache für mathematische Beziehungen. Anstelle der konkreten Zahlen treten Zeichen – für die unbekannte Größe einer Gleichung beispielsweise der Buchstabe y, der in Abhängigkeit einer anderen Größe x angegeben wird. Diese Buchstaben sind gewissermaßen Platzhalter für manchmal unendlich viele Zahlen, die der ausgedrückten Beziehung gehorchen. Der Begriff der algebraischen Größe, die erst durch Zuordnung konkrete Bedeutung erhält, findet seinen Nachfolger in der Speicherstelle des Computers. Genauso, wie man algebraische Gleichungen mit allgemeinen Symbolen ausdrücken kann, lassen sich Computerprogramme für vorgegebene Operationen zwischen den Inhalten von Speicherstellen schreiben; auch darin äußert sich eine enge Beziehung zwischen dem mathematischen Denken und der Computerpraxis.

Die Mathematiker setzten sich mehr für die formelhafte, abstrakte Behandlung der Geometrie ein als für die andere von der analytischen Geometrie gewiesene Möglichkeit: die zeichnerische Darstellung der Arithmetik. Es gibt alte Lehrbücher der Mathematik, in denen keine einzige Skizze vorkommt, und selbst bei modernen Darstellungen sind es meist nur recht simple Beziehungen – solche zwischen Geraden, Kreisen und Ellipsen –, die bildhaft wiedergegeben werden. Bei allem anderen, was schwerer zu zeichnen ist, begnügt man sich mit den Formeln. Diese Situation ist ein gutes Beispiel dafür, inwieweit unter anderem auch die Verfügbarkeit von Werkzeugen für die Entwicklung einer Wissenschaft maßgebend ist. Neben der freien Hand standen den Geometern nämlich lange Zeit nichts anderes als Lineal und Zirkel zur Verfügung. Was darüber hinausgeht, muß Punkt für Punkt konstruiert und mit dem Kurvenlineal recht mühsam verbunden werden. Und wie oft in solchen Fällen machte man aus der Not eine Tugend: Die Abstraktheit der Mathematik, ihre Unanschaulichkeit, wurde geradezu als Zeichen ihres Wertes genommen, und manche Autoren machten den Verzicht auf die Illustration zum Prinzip.

Das Aufkommen des Computers schuf eine grundsätzlich neue Situation. Das liegt einerseits an der Tatsache, daß er die kompliziertesten Rechenoperationen, so weit sie sich routinemäßig abwickeln lassen, mit größter Geschwindigkeit und höchster Präzision durchführt, und andererseits an den Möglichkeiten der grafischen Ausgabe von Rechenresultaten, kurz Computergrafik genannt. War man früher auf die meist ungenaue Skizze angewiesen, so liefert heute der Computer – oft ohne nennenswerte Wartezeiten – Bilder selbst komplizierter mathematischer Zusammenhänge. Es gibt also keinen Grund mehr, auf die visuelle Darstellungsform der Mathematik zu verzichten. So ist zu erwarten, daß all das, was prinzipiell seit Descartes schon möglich gewesen wäre, in kürzester Zeit nachgeholt wird. Das geht – wie immer, wenn etwas Neues eingeführt wird – nicht ohne Auseinandersetzungen ab: Manche Wissenschaftler wehren sich gegen das Eindringen der Bilder. Einige befürchten eine Banalisierung, andere berufen sich auf gewisse Nachteile, die grafische Darstellungen den Formeln gegenüber aufweisen.

Von einem höheren Standpunkt aus betrachtet sind Bild und Formel zwei verschiedene Möglichkeiten zur Verschlüsselung mathematischer Sachverhalte. Damit ergibt sich eine gewisse Entsprechung mit dem Gebrauch verschiedener Sprachen, bei denen man die gleichen Dinge mit verschiedenen Worten bezeichnet. Der Übergang von der Formel zum Bild und umgekehrt wirkt sich allerdings tiefgreifender aus als der Wechsel von einer Sprache zur andern. Man könnte eher von einem Wechsel der Methoden sprechen – zweier Methoden, die komplementär aufeinander bezogen sind. Schon im Hinblick auf den Gebrauch von Symbolen, beispielsweise für mathematischen Rechenoperationen, wurde darauf hingewiesen, daß sich dabei auch Unterschiede im praktischen Gebrauch ergeben. Für die Alternative Bild oder Formel gilt das in verstärktem Maß. Jede Darstellungsform hat bestimmte Vorteile und bestimmte Nachteile. Alles in allem darf man behaupten: Die Formel eignet sich besonders gut zur allgemeingültigen Darstellung mathematischer Beziehungen, drückt diese aber sehr abstrakt aus. Mit dem Bild dagegen gewinnt man höchste Anschaulichkeit, verzichtet aber zugleich auf Allgemeingültigkeit.

Manche Gegner der visualisierten Mathematik sind überdies der Meinung, daß die Aussage einer Formel von weitaus höherer Präzision als die eines Bildes sei. Dieser Einwand besteht nicht zu Recht. Die Präzision läßt sich erst beurteilen, wenn die allgemeine Formel durch Zahlen ausgedrückt ist. Setzt man konkrete Zahlen in eine Gleichung ein, dann läßt sich zwar im Prinzip beliebige Genauigkeit erreichen, doch in der Praxis wird man sich mit Näherungen begnügen, etwa dadurch, daß man Dezimalzahlen nach einigen Stellen hinter dem Komma abbricht. Mit Hilfe geeigneter Programmroutinen ist dagegen der Übergang vom Bild zu den Zahlen weitaus einfacher. So kann man sich beispielsweise im sogenannten interaktiven Betrieb, also ohne Wartezeiten, die im Bild dargestellten Funktionswerte ausgeben lassen. Das kann u. a. über die Tastatur, durch Eintippen der Koordinatenwerte des betreffenden Punkts, geschehen; auf elegantere Art läßt es sich mit einer von Hand gesteuerten Lichtmarke erreichen, wobei die gesuchten Angaben unterhalb des Bildes auf dem Monitor erscheinen. Unnütz zu erwähnen, daß man sich auch hierbei mit üblichen Näherungen begnügt.

Die Möglichkeit, nicht nur geometrische, sondern auch arithmetische Zusammenhänge mit hoher Qualität in bisher undenkbarer Schnelligkeit durch Grafiken darzustellen, rückt die alte Frage des Zusammenhangs zwischen Mathematik und Schönheit ins Blickfeld. Manche Mathematiker benötigen keine Bilder, um den ästhetischen Aspekt ihres Fachgebiets zu erkennen: Die Formelbeziehungen selbst sind ihnen Ausdruck vollkommener Schönheit, und deren Abstraktheit, die Loslösung von allen materiellen Grundlagen, bedeutet für sie die höchste Stufe der Vollendung. Für die meisten, die sich mit solchen Fragen beschäftigen, steht hingegen die visuelle Komponente im Vordergrund ihres Interesses. Es gibt eine Reihe von Publikationen über mathematische Schönheit, in denen dem Bild mindestens ebensoviel Bedeutung zukommt, beispielsweise von so berühmten Persönlichkeiten wie dem Mathematiker Hermann Weyl (1885–1955) oder dem Künstler Erich von Baravalle.

Eine umfassende, aber kaum bekannte Untersuchung stammt von Maurice El-Milick: „Éléments d'algèbre ornamentale", 1936 in Paris in einer hektografierten Ausgabe erschienen. Durch den Einsatz der Computergrafik eröffnen sich für diesen Zusammenhang völlig neue Perspektiven – eine von der Mathematik beeinflußte Kunst, und eine von der Kunst beeinflußte Mathematik.

Damit sind wir an den Ausgangspunkt zurückgekommen. Der grafische Reiz einer mathematischen Beziehung – was hat er mit strenger Wissenschaft zu tun? Die Antwort ist leicht: Er ändert nichts an der Aussage, für deren Gültigkeit nur absolute Sachlichkeit bürgt. Doch Mathematik spielt sich nicht im Vakuum ab, sondern in einem von Menschen bevölkerten Raum, und sie wird von Menschen betrieben, die neben dem nüchternen Sachzwang auch Empfindungen kennen. Die neu entdeckte und durch den Computer ans Tageslicht geförderte Schönheit der mathematischen Zusammenhänge könnte den Zugang zu ihr erleichtern.

GRAFIK AUS DEM COMPUTER

Anfang der 60er Jahre wurden Computerdaten nahezu ausnahmslos mit Hilfe von Druckern ausgegeben. Als Resultate von Berechnungen verschiedenster Art, nicht zuletzt statistischer Auswertungen, entstanden endlose Zahlenlisten. Sie warfen das Problem der Auswertung auf, die nun mehr Zeit in Anspruch nahm als die Berechnung selbst. Oft genug kam es vor, daß ganze Stöße von bedruckten Formularen unbearbeitet in die Kellerräume wanderten, die man deshalb als „Datenfriedhöfe" bezeichnete.

Ein Ausweg aus diesem Dilemma war die zeichnerische Ausgabe der Rechenergebnisse, die Computergrafik. Ein Bild sagt mehr als tausend Worte – diese allgemeine Erfahrung läßt sich wissenschaftlich belegen: Visuell dargebotene Information führt schneller zur gewünschten Übersicht als jede andere Art der Übermittlung. Auch mathematische Daten wurden schon seit Jahrhunderten grafisch dargestellt, die Schaubilder von Funktionen, Verteilungsdiagramme, Blockgrafiken usw. sind allgemein bekannt; man findet sie selbst in Tageszeitungen. Es kam also darauf an, Maschinen zu konstruieren, die Rechenresultate direkt in Grafiken umsetzen.

Die ersten Geräte arbeiteten auf mechanischer Grundlage. Ein von Servomotoren bewegter Schreibkopf wurde programmgesteuert über die Zeichenfläche geführt und fertigte eine Strichzeichnung an. Die „mechanischen Plotter" werden auch heute noch verwendet – vor allem für die Anfertigung von Planzeichnungen, Landkarten und dergleichen. Auch zur Erzeugung künstlerischer Computergrafiken sind sie gut geeignet, sofern man sich auf Strichzeichnungen beschränken will. Während die Berechnung des Bildes durch den Computer oft innerhalb von Sekunden erfolgt, benötigt der mechanische Plotter zur Ausführung der Zeichnung Zeiten, die in Minuten zu messen sind. Der Computergrafiker mußte also damals lange Wartezeiten in Kauf nehmen, und die Forderung nach einer schnelleren Methode wurde immer dringender.

Die Lösung des Problems kam von der Seite der Elektronik. Dort standen schon seit der Jahrhundertwende Bildröhren in Gebrauch, eingebaut in ein Meßgerät mit dem Namen Kathodenstrahloszillograf. Solche Bildröhren wurden zur Basis der neuen grafischen Ausgabegeräte, der elektronischen Plotter. Auf den dem Betrachter zugewandten Bildschirm wird ein Elektronenstrahl geworfen, der dort einen leuchtenden Punkt erzeugt. Wird er periodisch über eine bestimmte Bahn bewegt, dann entsteht dort eine Figur; die Bewegung erfolgt so rasch, daß das Auge den Eindruck einer zusammenhängenden Kurvenform hat. Geräte dieser Art werden auch heute noch benutzt, einerseits als Prüfgeräte des elektronischen Labors für die Messung von Wechselspannungen, andererseits auch zur Erzeugung einer bestimmten Art von Computergrafiken, den sogenannten Vektorgrafiken. Das heute übliche Bildschirmgerät arbeitet nach einem anderen Prinzip, dem der „Rastergrafik"; dabei bewegt sich der Elektronenstrahl – so wie beim Fernsehgerät – zeilenweise über den Bildschirm.

Im Gegensatz zum Fernsehen wird das Bild auf dem Bildschirm des Computers nicht nur in Zeilen zerlegt, sondern auch jede einzelne Zeile in Bildpunkte geteilt. Das Bild entsteht also als Mosaik aus Bildelementen, die in der Fachsprache als Pixel – aus ‚picture element' – bezeichnet werden. Um ein Bild zu beschreiben, braucht man eine Tabelle, in der jedem Pixel, durch seine Position auf der Bildfläche definiert, ein Helligkeitswert zugeordnet wird. Auf diese Weise lassen sich Bilder im internen Speicher des Rechners ablegen oder auch auf einen äußeren Speicher, beispielsweise eine Magnetplatte, bringen. Man kann sie aber auch zur Ausgabe des Bildes auf dem Bildschirm oder auf andere Ausgabegeräte, beispielsweise Film- oder Laserrekorder, bringen. Dabei sind eigens vorbereitete Programme eingeschaltet, die diese Geräte steuern und die dazu nötige Umsetzung der Daten veranlassen.

Hält man für die Abspeicherung der Bilddaten eine bestimmte, vereinbarte Reihenfolge der Pixel ein, dann kann man sich die Angabe ihrer Positionen – und damit Speicherplatz – ersparen. Diese vorgegebene Reihenfolge ist dann bei der Wiedergabe der Bilder zu berücksichtigen.

Dieses Prinzip gilt zunächst nur für einfarbige Bilder; da man anfangs grünleuchtende Schirme einsetzte, wurden die Bilder aus helleren und dunkleren Grüntönen aufgebaut. Inzwischen gibt es auch Bildschirme für die Ausgabe in anderen Farben, beispielsweise orangegelb oder grau. Für viele Anwendungen reichen einfarbige Darstellungen aus, doch nach und nach stellten sich der Computergrafik immer mehr Aufgaben, für die der Einsatz von vielfarbigen Bildern wünschenswert war. Dafür gibt es sachliche Gründe, die Tatsache nämlich, daß Farbe die Übersicht erleichtert, aber auch ästhetische.

Der Übergang vom einfarbigen zum mehrfarbigen Bild bereitete keine großen technischen Schwierigkeiten, denn der Weg war durch das Fernsehen schon bereitet. Bekanntlich läßt sich jedes beliebige Farbbild aus Teilbildern der drei Grundfarben zusammensetzen (bei additiver Überlagerung, die im Fall der Bildschirme vorliegt, sind das rot, blau und grün). Voraussetzung für die Anwendung dieses Prinzips sind fluoreszierende Farbstoffe (solche, die durch Elektronenstrahlen zum Leuchten angeregt werden) für die genannten Grundfarben. Anstelle des einzelnen Grundrasters, das auf den einfarbigen Schirm aufgetragen wird, werden nun drei angeordnet, und zwar so, daß die den einzelnen Farben zugeordneten Punkte möglichst regelmäßig verteilt sind; man erreicht das durch das bekannte Muster der Bienenwabe. Um ein Bildelement bestimmter Farbe wiederzugeben, braucht man nun drei Angaben, den Helligkeitswerten entsprechend, in denen die Grundfarben auftreten. Mit üblichem Augenabstand betrachtet, summiert sich die Wirkung der Farbpunkte zu einem bunten Bild. Wie man sich selbst überzeugen kann – indem man beispielsweise den Bildschirm eines Fernsehgeräts mit der Lupe betrachtet – sind es einzelne, getrennte Flecken von Leuchtfarbe, die diesen Eindruck hervorrufen.

Man kann die Situation auch anders betrachten: Farbbilder entstehen durch die Überlagerung von drei einfarbigen Bildern, die mitunter auch als „Farbauszüge" bezeichnet werden. Jedes davon läßt sich in der schon genannten Weise beschreiben, speichern und ausgeben; der wesentliche Unterschied gegenüber dem einfarbigen Bild liegt nur im dreifachen Aufwand. So kommt man beispielsweise bei der Speicherung eines Bildelements nicht mehr mit einer Helligkeitsangabe aus, sondern braucht stattdessen drei.

Die Bilder, mit denen sich der Computergrafiker beschäftigt, können von außen eingegeben sein, beispielsweise in Form einer fotografischen Aufnahme auf Papier oder als Diapositiv. Mit Spezialgeräten, den sogenannten Digitalisiersystemen, lassen sie sich in einzelne Bildpunkte zerlegen. Bei älteren Systemen wird ein Sensor zeilenweise darübergeführt, der den Helligkeitswert Punkt für Punkt – bei Farbbildern für jede Grundfarbe gesondert – bestimmt; bei neueren Anlagen setzt man dafür eine Fernsehkamera ein. Das Bild wird dann als eine Liste von Helligkeitswerten abgespeichert oder auch verarbeitet.

Ist die Aufgabe gestellt, von außen eingegebene Bilder umzusetzen, dann spricht man von Bildverarbeitung, wofür auch der englische Ausdruck Picture Processing üblich ist. Diese Methode läßt sich in vielen Bereichen nutzbringend anwenden, beispielsweise zur Auswertung von Bildern der wissenschaftlichen Fotografie oder zur Weiterbearbeitung von manuell gefertigten Textilmustern.
Die Methode der Computergrafik bietet aber auch die Möglichkeit, die Bilder mit Hilfe von Programmen aufzubauen. In der Frühzeit der Computergrafik, als lediglich mechanische Plotter zur Verfügung standen, begnügte man sich meist mit ebenen Darstellungen, beispielsweise bei Schaltplänen oder bei grafischen Darstellungen mathematischer Funktionen. Später entwickelte sich daraus das Verfahren des computerunterstützten Entwerfens, auch CAD genannt (Computer Aided Design). Kennzeichnend dafür ist der Übergang von den Auf- und Grundrissen zur perspektivischen Darstellung – eine Möglichkeit, die es erlaubt, etwa Autokarosserien oder Architekturmodelle wirklichkeitsnäher darzustellen als mit Hilfe technischer Zeichnungen. Zur weiteren Steigerung des realistischen Eindrucks wurde auch hier die Farbe eingesetzt, später kamen noch verschiedene Routinen zur Darstellung von Beleuchtungseffekten, Reflexen, Schatten und dergleichen hinzu. Durch die filmische Aneinanderreihung von Einzelbildern geringfügig geänderter Perspektive kann man auch Filmsequenzen erzeugen, die der Sicht des Objekts bei einer Umrundung oder einer anderen Kamerafahrt entsprechen. In den letzten Jahren hat diese Methode auch das Interesse von Werbegrafikern, Filmproduzenten und Künstlern gewonnen. Beispiele dafür sind dem Fernsehzuschauer als Einleitungssequenzen oder Kennungen bekannt. Während man für Aufgaben technischer Art noch mit relativ grob gezeichneten Bildern auskam, werden für künstlerisch orientierte Zwecke höhere Anforderungen an die Bildqualität gestellt. Konsequenzen daraus ergeben sich sowohl im Bereich der Geräte, der Hardware, als auch der Programme, der Software.

Algebraische Landschaft

Die von dieser Seite erzwungene Qualitätssteigerung hat wieder Rückwirkungen im wissenschaftlichen und technischen Bereich – eben dadurch, daß die verbesserten Methoden verfügbar sind und man, wenn es nötig ist, nun auch im Wissenschaftsbereich, nicht zuletzt der Mathematik, höheren Ansprüchen an die Bildqualität gerecht werden kann. Nur dadurch ist es möglich geworden, den bisher verborgenen ästhetischen Reiz der wissenschaftlichen und technischen Bildwelt offenzulegen.

Im Grunde genommen gibt es zwei technische Kenngrößen, von denen die Bildqualität abhängt, die (räumliche) Auflösung und die Anzahl der verfügbaren Farben. Die räumliche Auflösung ist durch Unterteilung des Bildschirms in Bildpunkte gegeben. Im Prinzip könnte man verschiedene Arten ihrer Anordnung wählen, doch in der Praxis verwendet man zur Darstellung rechteckiger Bilder quadratische Raster, deren räumliche Auflösung man durch die Anzahl der verwendeten Zeilen und Spalten beschreibt.

Natürlich wird ein Bild um so besser, je mehr Bildpunkte zur Verfügung stehen, also je höher die räumliche Auflösung ist, doch aus technischen und nicht zuletzt auch aus Kostengründen muß man sich meist mit einem Kompromiß begnügen. Worauf es ankommt, ist die Frage, ob man die dargestellten Objekte einwandfrei erkennt. Die Erfahrung zeigt, daß eine Auflösung von 100 x 100 Pixel nicht genügt, um eine Person zufriedenstellend wiederzugeben. Durch 1000 x 1000 Pixel dagegen ist meist eine ausreichende Erkennbarkeit möglich.

In der Computerpraxis treten anstelle der im täglichen Leben bevorzugten runden Zehnerpotenzen oft Zahlen wie 512, 1024 oder 2048 auf. Der Grund liegt in der Tatsache, daß der Computer mit dem Dualzahlensystem auf der Basis der Zahl 2 arbeitet, woraus sich das häufige Auftreten der genannten Zahlen erklärt – 512 ist 2^9, 1024 ist 2^{10} und 2048 ist 2^{11}. Angaben dieser Art kennzeichnen auch die Zeilen- und Spaltenangaben über das Bildraster, obwohl es prinzipiell genausogut möglich wäre, mit anderen Anordnungen zu arbeiten, beispielsweise mit 625 Zeilen, wie sie in der europäischen Fernsehnorm üblich sind.

Die meisten Kleincomputer für den Hausgebrauch bieten eine Bildqualität, die jener des Fernsehens entspricht. Bessere Geräte, beispielsweise für CAD, bieten Auflösungen von 1024 x 1024 oder 2048 x 2048 Bildpunkten. Als hohe Auflösungen gelten etwa 6000 x 8000 Bildpunkte; auf diese Weise erreicht man Bilder, deren Rasterung feiner ist, als es der Körnung eines guten Farbfilms entspricht. Sollen computergenerierte Filmsequenzen in Filmproduktionen eingesetzt werden, dann braucht man diese hohe Qualität.

Die durch den Bildschirm gegebene räumliche Auflösung muß nicht unbedingt jener der erzeugten Bilder entsprechen. Bei Kleincomputern beispielsweise gibt es neben einer sogenannten „hohen Auflösung" auch eine niedrige mit etwa 40 x 40 Bildpunkten (die auch mit freiem Auge als Quadrate zu erkennen sind). Der Grund dafür liegt in der Rechenzeit – sind zur Berechnung der Helligkeitswerte komplizierte Rechnungen nötig, dann könnte unter Umständen die Zeit zum Aufbau des Bildes untragbar lang werden. Ähnliche Gesichtspunkte bringen auch den Benutzer hochwertiger Grafiksysteme manchmal dazu, nicht die volle Auflösung auszuschöpfen, sondern sich mit gröberen Bildern zu begnügen. Mit Hilfe eines Grafikprogramms kann man Bildelemente niedrigerer Auflösung definieren, von denen jedes aus vier Bildelementen höherer Auflösung besteht. Das empfiehlt sich insbesondere bei vorbereitenden Arbeiten, beispielsweise wenn es um die Erprobung einer Rechenmethode oder um die Wahl eines günstigen Bildausschnittes geht. Die der Rechnung zugrunde gelegte Auflösung ist also von der technisch gegebenen zu unterscheiden.

Und damit kommen wir zur zweiten qualitätsbestimmenden Größe, der Auflösung in Helligkeitswerte bzw. in Farben. Vom Fernseher her sind wir gewohnt, die Helligkeit durch Drehen eines Potentiometerknopfes einzustellen, wodurch man eine kontinuierliche Veränderung des Grauwerts erreicht. Diese Art der Beschreibung von Größen, die auch als „analog" bezeichnet wird, ist bei Computern nicht möglich; wie alle Größen muß auch die Helligkeit durch Zahlen – durch den sogenannten ‚Grauwert' – ausgedrückt werden. Wieviel Grauwertabstufungen benötigt man für ein Computerbild? Technisch ist es ohne weiteres möglich, die Unterteilung feiner zu wählen, als sie das Auge erkennen kann. Da sie sehr stark von den Umständen abhängig ist, ist es schwer, die Grenze genau anzugeben

– sie liegt etwa bei 200 Stufen. Für wissenschaftliche Spezialzwecke, etwa bei der Auswertung von Radarbildern, kann es gelegentlich auch sinnvoll sein, mit feineren Helligkeitsauflösungen zu arbeiten. Auch Künstler stellen oft für die Darstellung von Verläufen höhere Ansprüche.

Auch bei den Angaben für die Helligkeitsauflösung treten die vorhin erwähnten Zweierpotenzen auf. Kleincomputer bieten oft acht oder sechzehn Farben, bei Systemen für CAD ist meist eine Auswahl aus 256 Farben möglich. Normalerweise ordnet man dem Grauwert Null die Farbe Schwarz zu, dem Maximalwert dagegen die Farbe Weiß. Manche Systeme bieten dem Benutzer die Möglichkeit, den gewünschten Farbton durch Kombination verschiedener Abstufungen der Grundfarben zu mischen. In der Farbpalette, die man auf diese Weise erhält, findet man Farben verschiedener Farbtöne, Helligkeiten und Sättigungen entsprechend der Farbenlehre. Wer Wert darauf legt, kann die Zuordnung mit Hilfe von Tabellen vornehmen. Stehen beispielsweise für jede Grundfarbe 256 Stufen zur Verfügung, dann erhält man durch die Kombination der Werte 120 für Rot, 120 für Blau und 120 für Grün einen mittleren Grauton. Dagegen liefert die Kombination 256 für Rot, Null für Blau und Null für Grün reines, gesättigtes Rot.

Damit wurden die Entwicklung nachgezeichnet und das Prinzip besprochen. Den Leser mag es allerdings auch interessieren, mit Hilfe welcher Geräte und Methoden die in diesem Band gezeigten Bilder zustandekamen, und deshalb soll im Folgenden darauf eingegangen werden.

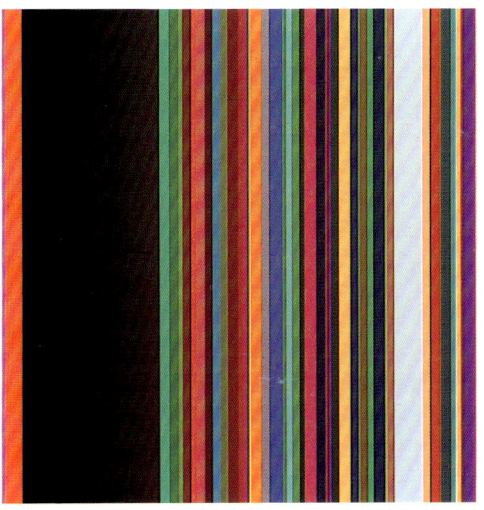

Farbtreppe mit Zufallseinfluß erzeugt und weiterverarbeitet

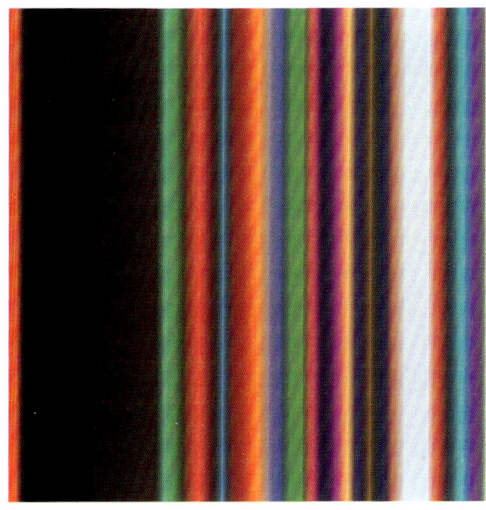

Dieselbe Farbtreppe, durch Interpolation geglättet

Das benutzte Computergrafiksystem ist im Zentrum der Deutschen Forschungs- und Versuchsanstalt für Luft- und Raumfahrt (Oberpfaffenhofen bei München) installiert. Zu den Aufgaben der DFVLR, die der amerikanischen Raumfahrtbehörde NASA entspricht, gehören Untersuchungen von Aufnahmen der Erde, wie sie von Flugzeugen, Satelliten und Raumstationen aus gemacht werden, wie auch von Aufnahmen der Planeten oder des Mondes aus unbemannten Sonden. Zu diesem Zweck wurde dort im Jahr 1974 ein Bildverarbeitungssystem aufgebaut, das in erweiterter Form auch heute noch verwendet wird. Die Geräteausstattung besteht aus einem zentralen Prozeßrechner, an den zahlreiche Peripheriegeräte angeschlossen sind. Die wichtigsten sind Magnetplattenlaufwerke, auf denen Wechselplatten mit einer Speicherkapazität von 256 Millionen Byte (ein Byte entspricht acht digitalen Einheiten) zur Abspeicherung der Bilder verwendet werden. Zur Eingabe von Bildern dient ein Filmscanner, mit dem transparente Bilder bis zu 6 x 6 cm digitalisiert werden können; zur Ausgabe steht ein Filmrekorder zur Verfügung, mit dem sich Bilder im Format 6 x 6 cm bis zu einer räumlichen Auflösung von 2048 x 2048 Pixel auf Schwarz-weiß- oder Farbfilm ausgeben lassen.

Für die interaktive Bildverarbeitung und -veränderung ist ein Farbbildsystem angeschlossen, das es gestattet, die Bilder auf einem Farbmonitor auszugeben und in Echtzeit zu bearbeiten.

Mindestens ebenso wichtig wie der Geräteteil ist das dazugehörige Softwarepaket. Es hat den Namen DIBIAS, abgekürzt aus digitales interaktives Bildauswertesystem, das heute in einer zweiten Generation vorliegt. Von seiner Philosophie her ist es offen konzipiert; das bedeutet, daß man es erweitern und speziellen Bedürfnissen anpassen kann. Dadurch unterscheidet es sich insbesondere von jenen sogenannten Paintsystemen, mit denen die manuelle Arbeitsweise der Maler und Grafiker simuliert wird und die keine Eingriffe erlauben. DIBIAS enthält heute rund 200 Programme, auch als Module bezeichnet. Etwa 40 davon sind bei den Visualisierungen mathematischer Zusammenhänge angewandt oder auch, durch die dabei auftretenden Fragestellungen angeregt, entwickelt worden. Weiter stehen eine Anzahl von Hilfsprogrammen für Routineaufgaben zur Verfügung, zur Darstellung der Bilder auf dem Farbmonitor, zu ihrer Abspeicherung auf Magnetband, zur Filmausgabe usw. Mit einem Ausdruck der Computerbranche kann man DIBIAS als benutzerfreundlich bezeichnen; während der Arbeit gibt es vielerlei Informationen über die verfügbaren Prozesse, über den Stand der Bearbeitung und über Kenngrößen der Bilder auf dem Monitor aus. Außerdem verlangt es vom Anwender keine Programmierkenntnisse.

Die Bildverarbeitung erfolgt modular, also auf jene Programme bezogen, die für verschiedenste Zwecke zur Verfügung stehen. Man ruft das Bild mit Namen auf und definiert den Bildausschnitt, den man bearbeiten will. Dann ruft man das Modul, ebenfalls unter dessen Namen, auf. In den meisten Fällen ist nun die Angabe von Programmparametern nötig, wozu einen das System auffordert. Zweck dieser Prozeduren ist die Erzeugung eines neuen Bildes, das mit einem Namen versehen wird. Nach erfolgter Berechnung wird es auf dem Monitor ausgegeben; das Originalbild steht trotzdem weiterhin zur Verfügung. Wenn man es wünscht, kann man beide Bilder nebeneinander ausgeben, um sie zu vergleichen.

In die Module sind allgemeine Programmteile integriert, die die Umsetzung der Daten steuern; dazu gehören Routinen für das Lesen oder Schreiben eines Pixels oder einer Zeile, für das Öffnen und Schließen von Dateien usf.

Eine Besonderheit des Systems ist die flexible Art des Umgangs mit Farbe. Als Resultat der mathematischen Berechnung liegen zunächst einfarbige Bilder vor; d. h., jedes Pixel wird durch einen Grauwert gekennzeichnet. Die Zuordnung von Farben zur Grauwertskala erfolgt interaktiv, in Echtzeit unter Sichtkontrolle. Das Prinzip ist folgendes:

Neben den eigentlichen Bildspeichern, von denen sich die Bilder durch Tastendruck auf den Monitor übertragen lassen, stehen zwei weitere Speicher zur Verfügung. Der erste mit der Bezeichnung Function Memory, abgekürzt FM, kann die ursprüngliche Grauwertskala durch eine andere, beliebig vorgebbare, ersetzen.

Weiter erlaubt FM es, Helligkeit und Kontrast von Grauwertbildern anzuheben oder zu vermindern. Der zweite mit der Bezeichnung Pseudocolor Memory, PM, ordnet jedem Grauwert von Null bis 255 eine Farbe zu, insgesamt also 256 Farbstufen. Jede dieser Farben besteht aus drei Anteilen der Grundfarben Rot, Blau und Grün. Da jede davon in 256 Helligkeitsstufen unterteilbar ist, lassen sich insgesamt 256^3 Farben kombinieren, zusammen also mehr als 16 Millionen.

Von diesen Möglichkeiten wurde Gebrauch gemacht, um den Grauwertbildern, die sich als Resultate mathematischer Berechnungen ergeben, Farben zuzuordnen. Ziel dieser Einfärbung kann die Verdeutlichung der mathematischen Zusammenhänge, aber ebensogut eine künstlerisch befriedigende Farbkombination sein. Zu diesem Zweck wurden spezielle Farbkarteien, Farbtreppen genannt, vorbereitet, von denen derzeit etwa 55 vorliegen. Jede von ihnen enthält 256 Farben. Soll die Farbzuordnung beginnen, dann wird das Modul „Pseudofarbbild", abgekürzt P, aufgerufen. Die betreffende Farbtreppe erscheint auf dem Monitor, so daß man sich noch einmal von der Richtigkeit der Wahl überzeugen kann. Dann erfolgt die Einfärbung des Bildes; die Zuordnung erfolgt praktisch unverzögert.

Es kommt selten vor, daß eine Farbtreppe ohne weiteres auf die Grauwertskala übertragen wird; eher sind sie als Standards zu verstehen, die eine Vielfalt von Veränderungen zur Angleichung an den gegebenen Zweck ermöglichen.

Algebraische Landschaft

Zu den Veränderungen, denen man die Farbkarteien unterwerfen kann, gehört unter anderem die zyklische Vertauschung der Grundfarben oder ein Mittelungsprozeß, der die Kontraste verwischt und weiche Farbübergänge erzeugt.

Schließlich lassen sich die Farbtreppen auch noch über die Grauwertskala verschieben oder spreizen. Dieser Eingriff erfolgt manuell, mit Hilfe eines speziellen Eingabegeräts, einer Rollkugel. Wie schon der Name andeutet, gehört dazu eine Kugel, die sich nach allen Richtungen drehen läßt. Jede Stellung der Kugel beschreibt einen bestimmten Zustand der Verschiebung oder Spreizung der Farbtreppe, der überdies durch eine Lichtmarke auf dem Bildschirm angezeigt wird. Dreht man die Kugel nach rechts, wobei sich auch die Marke nach rechts verschiebt, so wird das gesamte Bild heller; der entsprechende Vorgang nach links läßt das Bild dunkler werden. Eine Verschiebung nach oben erhöht den Kontrast, eine solche nach unten verringert ihn – das Bild wird flauer. Hat man eine Farbzuordnung erreicht, die den Vorstellungen entspricht, dann lassen sich die in den beiden Sonderspeichern enthaltenen Angaben in einer Datei festhalten; auf diese Weise wird nicht nur das Ursprungsbild, sondern auch die getroffene Farbauswahl für spätere Verarbeitungen aufbewahrt.

Zu diesen gehören insbesondere die Bildausgabe mit dem Filmrekorder, der farbgetreue Dias liefert.

Die Benutzung der Rollkugel führt zu einem Bewegungseffekt: Entsprechend der mathematisch vorgegebenen Form laufen farbige Linien auf verschiedenen Bahnen über das Bild, wobei sie sich zusätzlich ausdehnen oder verengen können. Diese Art des interaktiven Umgangs mit mathematisch vorgegebenen Bildern trägt nicht nur zum tieferen Verständnis ihrer Gesetzmäßigkeit bei, sondern ist auch ein ästhetisches Erlebnis besonderer Art. Dabei drängt sich der Vergleich mit der Musik auf: Wie bei dieser handelt es sich um bestimmten harmonischen Gesetzen gehorchende Abläufe von dynamischem Charakter.

Leider ist es nicht möglich, diesen Aspekt mit gedrucktem Bildmaterial zu verdeutlichen.

Alles in allem ist die hier beschriebene Methode der Erzeugung von Computergrafiken durch die Kombination zweier verschiedener Module gekennzeichnet: Es beginnt mit dem Aufbau der Bilder mit Hilfe mathematischer Prozesse, darauf folgt eine eingehende Bearbeitung ebenfalls durch mathematische Prozesse. Diese Art des Vorgehens zeichnet sich durch besondere Flexibilität bei der Erzeugung und Abwandlung von Bildern aus und wurde deshalb in theoretischen Arbeiten verschiedener Autoren, unter anderem des bekannten Computergrafikers Jim Blinn, gefordert. Man darf es als besonderen Glücksfall betrachten, daß das System DIBIAS alle Voraussetzungen für die Realisation dieses Gedankens bietet und daß es – neben seiner eigentlichen Aufgabe im Dienste der Luft- und Raumfahrt – auch für Untersuchungen benutzt werden konnte, die eine neue Verbindung zwischen Mathematik und Kunst anbahnen.

ALGEBRAISCHE LANDSCHAFTEN

Anfangs war die Mathematik eng mit praktischen Aufgaben verbunden, beispielsweise für Grundstücksberechnungen, für den Bau von Straßen, Befestigungen, Tempeln, Kanälen und Staudämmen sowie für die Berechnung von Steuern und Zins. Kenntnisse darüber gab es in China, in Indien, in Mesopotamien und in Griechenland. Dabei bevorzugte man zwar zunächst geometrische Methoden, doch einzelne Gelehrte leisteten auch beachtliche Beiträge zur Arithmetik. Schon im 3. Jahrhundert v. Chr. kam Archimedes auf die Idee, mathematische Größen mit Symbolen zu bezeichnen – wobei er zur Unterscheidung hebräische Buchstaben verwendete. Damit kann man ihn als Erfinder der Algebra bezeichnen, die manchmal als „Buchstabenmathematik", manchmal – und richtiger – als Lehre von den Gleichungen bezeichnet wird. Jedenfalls war es ein gewaltiger Fortschritt, die Beziehungen zwischen den Größen nicht auf spezielle Probleme bezogen, sondern in allgemeingültiger Form darzustellen.

Eine Blütezeit erlebte die Mathematik um das 8. Jahrhundert herum bei den Arabern. Zahlreiche Spezialausdrücke arabischen Ursprungs, die wir auch heute noch benutzen, sind Zeugnis dafür. Dazu gehört auch das in der Computertechnik wieder aktuell gewordene Wort 'Algorithmus'. Es ist die Verballhornung des Namens eines berühmten arabischen Mathematikers aus dieser Zeit, mit Namen al-Khwarizmi (rund 780 bis 850 n. Chr.). Unter Algorithmus versteht man eine allgemein formulierte Lösungsvorschrift für ein mathematisches Problem, gewissermaßen ein Rezept, das nicht nur für einen Einzelfall, sondern für eine ganze Reihe gleichartiger Probleme anwendbar ist. In der Computertechnik kommt es darauf an, solche Algorithmen in einer neuartigen Form, nämlich als Programme, auszudrücken. Auch das Wort 'Algebra' ist arabischen Ursprungs; es stammt aus dem Titel eines berühmten Werks von al-Khwarizmi.

Aus der klassischen Algebra hat sich im letzten Jahrhundert die „höhere Algebra" entwickelt, die die Probleme von einer höheren Warte aus behandelt, wobei es um generalisierende Aussagen geht. Als einen Vorläufer könnte man den deutschen Mathematiker Carl Friedrich Gauss (1777 bis 1855) bezeichnen.

Obwohl es sich bei den Problemen der klassischen Mathematik um recht einfache Zusammenhänge handelt, entziehen sie sich doch der Vorstellung. Erst die Analysis, die Methode der grafischen Umsetzung, führt zu einer einfachen, bildhaften Deutung; da sie auch die Basis der in diesem Buch behandelten, aus mathematischen Zusammenhängen abgeleiteten Computergrafiken ist, sollen die grundlegenden Gedankengänge etwas genauer beschrieben werden.

Bevorzugter Gegenstand der Analysis ist die Kurve, wofür wir im täglichen Leben genügend Beispiele haben – von der Geraden über die Wellenlinie bis zu Kreis und Ellipse. Man drückt sie durch sogenannte Funktionen aus. Beispiele dafür sind:

$$y = \frac{x}{2} + 1$$

oder

$$y = \pm \sqrt{1 - (x-2)^2}.$$

Dabei nennt man x die unabhängige Veränderliche und y die abhängige Veränderliche. Zur bildlichen Darstellung des Zusammenhangs benutzt man ein rechtwinkliges Koordinatensystem; die Werte von x werden nach rechts, jene von y nach oben aufgetragen. Nach der gegebenen Formel läßt sich jedem Wert für x ein Wert für y zuordnen; praktisch führt man das für eine Reihe von x-Werten durch, die man eng genug aneinanderlegt, so daß sich in der Reihe von Punkten x, y der Kurvenverlauf hinreichend deutlich abzeichnet.

Wenn man dieses Verfahren anwendet, erhält man für die erste Funktion eine Gerade, für die zweite einen Kreis.

Damit ergibt sich auch eine einfache Möglichkeit zur Bewältigung einer in der Mathematik oft gestellten Aufgabe: der sogenannten Lösung von Gleichungen. Darunter versteht man die Ermittlung jener Werte von x, für die ein bestimmter Ausdruck – etwa eine Funktion von x – gleich Null wird. Ausdrücke dieser Art entstehen durch Nullsetzen von Funktionen – beispielsweise der beiden oben angegebenen:

$$\frac{x}{2} + 1 = 0,$$

$$\sqrt{1 - (x-2)^2} = 0.$$

im ersten Fall ist die Lösung:

$$x = -2$$

und im zweiten:

$$x_1 = 3, \quad x_2 = 1.$$

Von der Richtigkeit kann man sich durch Einsetzen der Werte überzeugen.

Die Lösung von Gleichungen läßt sich auch anhand von Grafiken vornehmen. Geht man etwa von der Geradenfunktion

$$y = \frac{x}{2} + 1$$

aus und stellt eine Zusatzbedingung

$$y = 0$$

– womit eine weitere Gerade, und zwar die x-Achse beschrieben wird –, dann stellt sich die Frage ein wenig anders: Welche Punkte liegen sowohl auf der ersten wie auf der zweiten Geraden? Klarerweise ist das dort der Fall, wo sich beide schneiden – man braucht die Lösungswerte nur noch abzulesen.

Ein analoges Problem läßt sich auch in bezug auf die zweite, die Kreisfunktion formulieren. Auch hier führt das beschriebene grafische Verfahren zur Lösung; die Lösungswerte – Wurzeln – sind die x-Koordinatenwerte der Schnittpunkte.

Das Problem der Lösung von Gleichungen hat mit dem Thema dieses Buches nicht unmittelbar zu tun, doch in einer etwas allgemeineren Form greifen wir auf die eben angeführten Überlegungen zurück. Genauso wie Kurven durch Schnitte mit Geraden zu Punkten führen, lassen sich Raumflächen durch Schnitte mit Ebenen auf Kurven reduzieren. Ein berühmtes Beispiel aus der Geschichte sind die Kegelschnitte: Schneidet man einen Kegel mit einer Ebene, dann entstehen stets Ellipsen (wobei der Kreis als Spezialfall mit einbezogen ist).

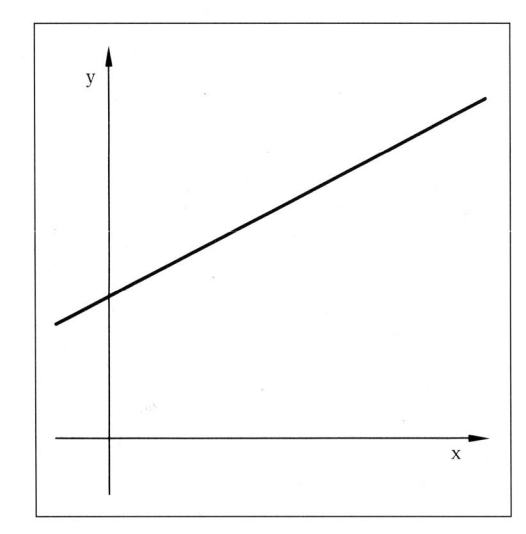

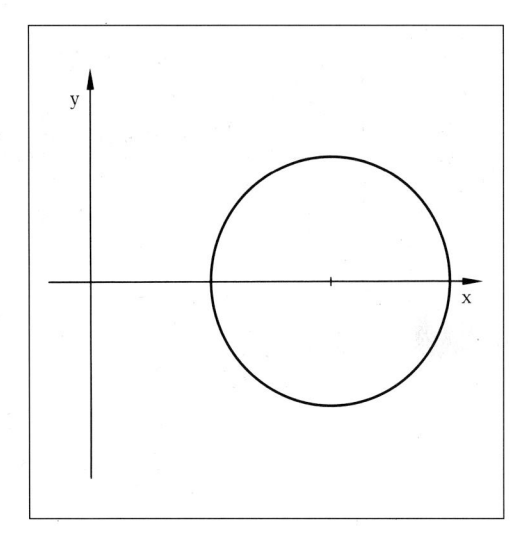

Eine Gleichung der Form:

$$z = ax + by + c$$

stellt eine Ebene im Raum dar, und sie läßt sich ebenso wie die Kurve dadurch konstruieren, daß man jedem Wertepaar x und y eine Höhe z zuordnet. Das rechtwinklige Koordinatensystem wurde also durch eine dritte Koordinate für z ergänzt. Wie man sich überzeugen kann, ergibt sich daraus durch Nullsetzen von z eine Gerade:

$$ax + by + c = 0$$

oder $\quad y = -a/bx - c/b;$

es ist die Schnittgerade der Ebene mit der Nullebene $z = 0$.

Man spricht in solchen Fällen von Funktionen mehrerer Veränderlicher. Normalerweise verwendet man den Buchstaben z für die abhängig Veränderliche und die Buchstaben x und y für die unabhängig Veränderlichen.

Gleichungen dieser Art, Funktionen von zwei Veränderlichen, sind die Basis aller unserer Computergrafiken, wobei allerdings meist weitaus kompliziertere Zusammenhänge als eben beschrieben dargestellt werden. Im Prinzip entspricht die Methode der Veranschaulichung jener der analytischen Geometrie: Für jeden Punkt der Nullebene, gekennzeichnet durch einen Wert von x und einen Wert von y, wird die Höhe z ausgerechnet. Genauso wie man die Punkte im Fall einer Ebene durch eine Kurve verbindet, lassen sich die Punkte nun, bei der räumlichen Darstellung, zu einer Raumfläche vereinigen. Während die grafische Darstellung im ebenen Fall unproblematisch ist, sind im Raum gewisse Umwege nötig. Eigentlich braucht man für eine dreidimensionale Darstellung ein Modell – vielleicht erinnert sich mancher noch an den Schulunterricht, bei dem gelegentlich Raumflächen aus Gips oder aus gespannten Fäden vorgezeigt werden. Ist nur eine ebene Darstellung möglich, beispielsweise auf Papier oder auf dem Monitor, dann muß man sich auf andere Art behelfen.

Algebraische Landschaft

Raumfläche sechsten Grades
in verschiedenen parameterabhängigen Varianten

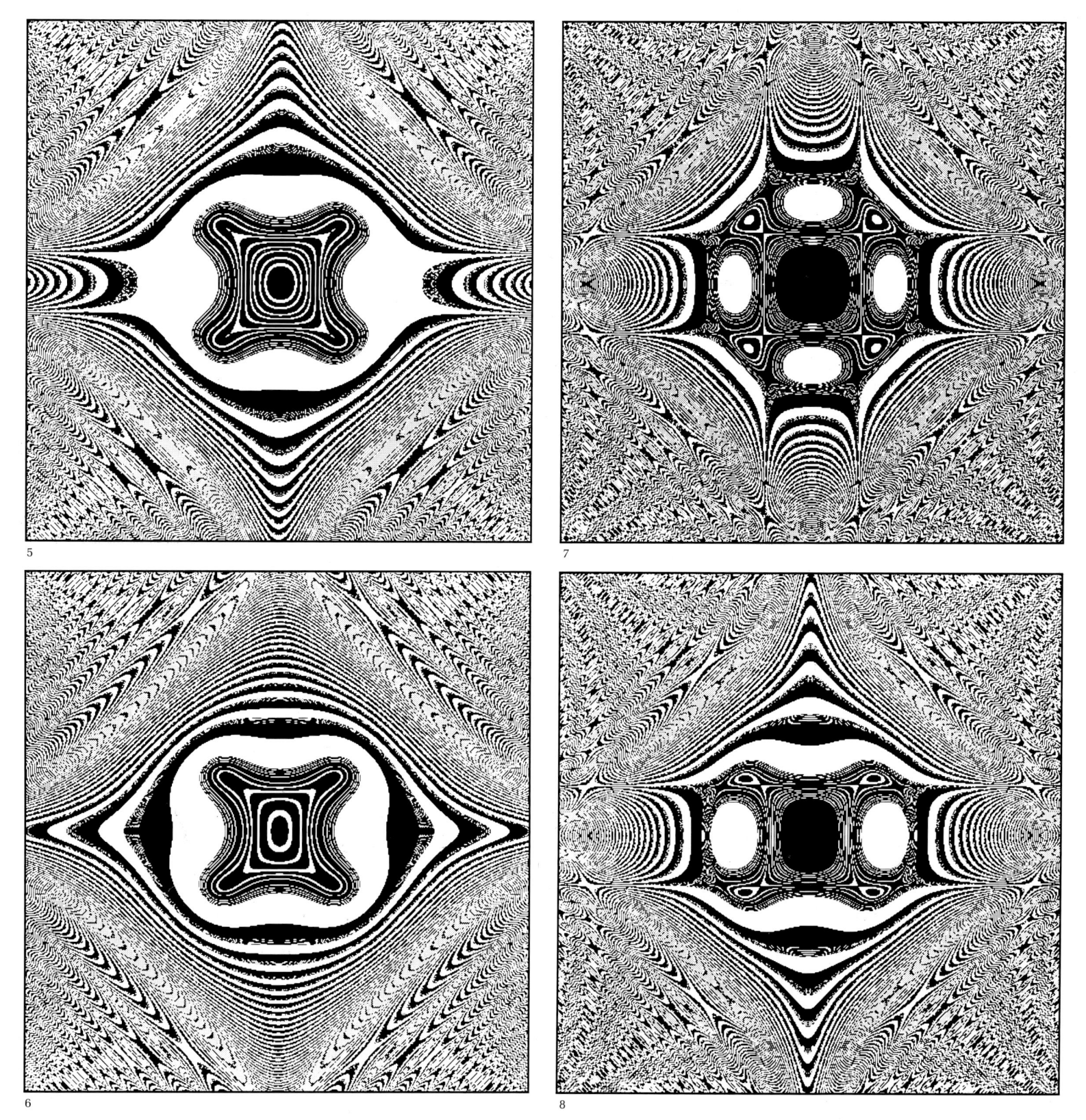

Raumfläche sechsten Grades
in verschiedenen parameterabhängigen Varianten

5

6

7

8

Kugelschale in Grautondarstellung

Kugelschale in Höhenliniendarstellung

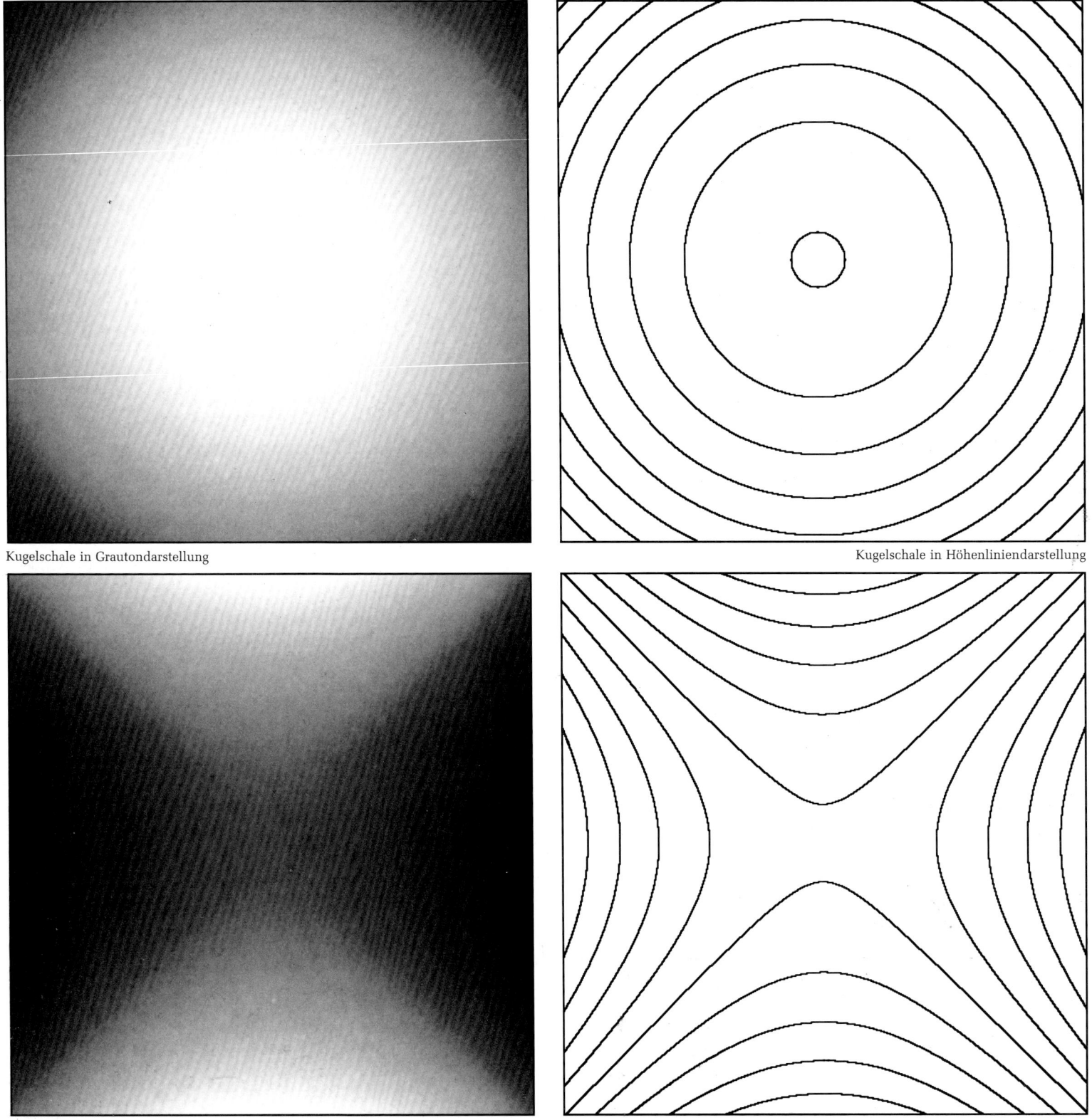

Hyperboloid in Grautondarstellung

Hyperboloid in Höhenliniendarstellung

Eine Möglichkeit der Wiedergabe bietet die Perspektive, eine andere ist von Landkarten her bekannt, bei denen man das Relief – nichts anderes als eine komplizierte Raumfläche! – in einer Höhenliniendarstellung wiedergibt. Mit anderen Worten: Alle Punkte, die gleiche Höhe aufweisen, werden durch Kurven ein und derselben Farbe verbunden. Es ist nicht schwer, diese Umrechnung dem Computer zu überlassen, wobei der Programmierer entscheidet, wie er die Höhen unterteilt und in welchen Farben er die einzelnen Linien darstellt. Prinzipiell steht dafür das gesamte Farbspektrum zur Verfügung, und so ist es möglich, die Höhenunterschiede auch kontinuierlich, durch die Zuordnung eines Farbverlaufs, wiederzugeben. Diese Zuordnung nimmt man natürlich nicht beliebig vor, sondern so, daß bestimmte interessante Strukturbereiche besonders deutlich, von den anderen abgehoben, hervortreten. Auch Kombinationen kontinuierlicher Farben und einzelner Linien verbessern manchmal die Übersicht.

Mit Hilfe des Computers ist es einfach, die Punkte der Nullebenen, denen dann Höhenwerte zugeordnet werden, eng aneinander zu legen. Die Dichte ihrer Anordnung entspricht im übrigen der schon erwähnten Auflösung. Selbst bei preiswerten Heimcomputern mit einem groben Bildraster von 40 x 40 Bildpunkten ist es nötig, den Wert der Funktion 1600 mal zu berechnen. Verständlich, daß man früher, als es noch keine Computer gab, versuchte, sich die Aufgabe leichter zu machen. Und in der Tat: Mit einem etwas größeren Aufwand von Kenntnissen kann man sich einen Großteil der Berechnungen ersparen. Dazu hat sich eine eigene Methodik herausgebildet, deren Aufgabe nichts anderes ist, als die charakteristischen Kennzeichen von Kurven ohne die Berechnung vieler Punkte zu ermitteln.

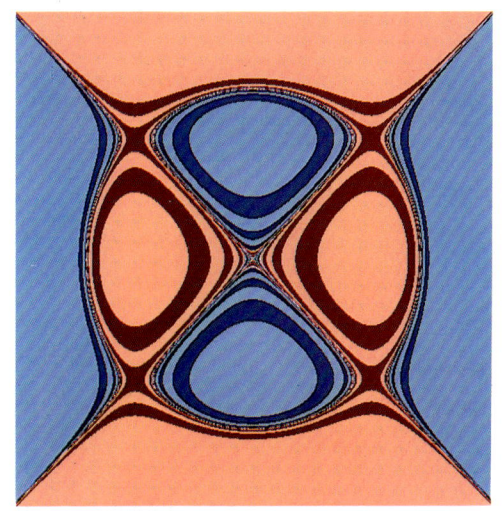

'Teufelskurve', Bereiche über der Nullebene rot, unter der Nullebene blau

Eine Möglichkeit, sich die Berechnungen zu erleichtern, liegt darin, daß man die zugrundeliegende Funktion für bestimmte Bereiche, beispielsweise nahe Null oder in der Peripherie gegen Unendlich zu, gesondert betrachtet. Dabei stellt sich nämlich oft heraus, daß bestimmte Summanden in der Formel so klein werden, daß sie nicht mehr berücksichtigt zu werden brauchen; der Mathematiker spricht von 'Grenzwertbetrachtungen'. Das, was man mit Hilfe der analytischen Geometrie ermitteln kann, ist also auch für die moderne Arbeitsweise beachtenswert.

Andere Methoden betreffen ein 'besonderes Verhalten' von Kurven. So gibt es beispielsweise in manchen Funktionen ‚ausgezeichnete' Punkte und Linien. Beispielsweise kann es der Fall sein, daß sich eine Funktion an bestimmten Stellen dem Wert Unendlich nähert – ebenfalls ein Verhalten, das der Computergrafiker berücksichtigen muß, da sonst sein System bei der Berechnung streikt. Eine solche Situation ergibt sich, wenn in der Gleichung ein Bruch vorkommt, dessen Nenner an bestimmten Stellen Null wird. In der Praxis erweist es sich aber als unverzichtbar, solche „Entgleisungen" vorauszusehen und zu vermeiden, z. B. indem man den Computer anweist, von einer Berechnung abzusehen, wenn ein bestimmter Grenzwert überschritten ist. Wer will, kann die betreffenden Stellen durch eine besondere Farbe markieren lassen.

Auch die Erfahrungen aus der höheren Mathematik lassen sich in die Kurvenanalyse einbringen. Als wichtiger Begriff stellt sich dabei die 'Stetigkeit' heraus, die man umgangssprachlich durch einen gleichmäßigen, durch keinerlei Lücken oder Knicke unterbrochenen Verlauf kennzeichnen würde. Die Mathematik kennt noch strengere, quantitativ formulierbare Kriterien. Es gibt Kurven, die beliebig viele Unstetigkeiten aufweisen, z. B. Treppenkurven, wie sie im Zusammenhang mit Fraktals (siehe Kapitel „Gebrochene Dimensionen") zu erwähnen sind. Die „normalen" algebraischen Gleichungen, die man schon zu klassischen Zeiten behandelt hat, zeichnen sich meist durch Stetigkeit aus, zumindest in weiten Bereichen.

'Kleeblatt' – algebraische Funktion

'Teufelskurve' – algebraische Funktion

'Kleeblatt' – algebraische Funktion

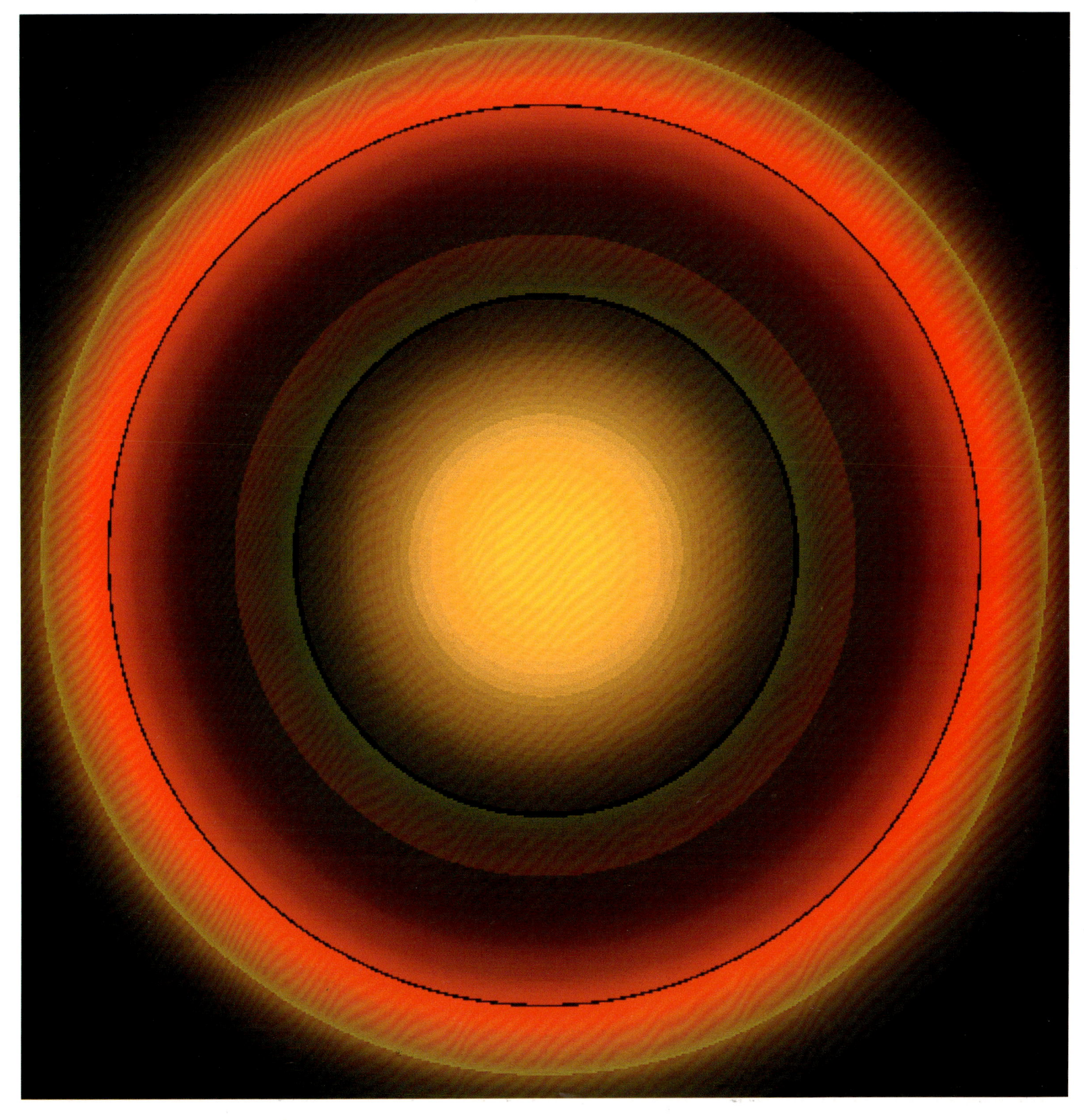

Algebraische Landschaft

Es gibt allerdings auch Unstetigkeiten, die äußerlich nicht so klar zu erkennen sind, weil sie nicht den Verlauf der Kurve selbst, sondern abgeleitete Größen betreffen, beispielsweise das Krümmungsmaß. Im Kurvenverlauf erkennt man dann eine sogenannte Wendetangente, ein Umschwenken von konvex in konkav, oder ähnliches.

Vergleicht man jene Besonderheiten, um deren Verdeutlichung sich die Kurvenanalyse bemüht, mit dem, was eine Computergrafik interessant macht, dann ergibt sich eine überraschende Feststellung: Eine in ihrem gesamten Verlauf stetige Kurve erweist sich als etwas höchst Langweiliges. Das, was nicht nur die Sache spannend macht, sondern auch das Bild belebt, sind eben die Abweichungen vom Gleichmaß, und das ist ein weiterer Beweis für die Verwandtschaft zwischen Mathematik und Kunst. Nun sind mathematische Faszination und grafischer Reiz gewiß ausreichende Beweggründe, sich mit einem Thema zu befassen. Und trotzdem wird mancher praxisorientierte Skeptiker danach fragen, ob es wegen Fragen dieser Art berechtigt ist, dafür eine sich über Jahrtausende erstreckende Gedankenarbeit zu erbringen. Glücklicherweise – für Mathematiker und Künstler – ist es möglich, diese Zweifel zu zerstreuen. Ein großer Teil jener so abstrakt scheinenden Bilder haben neben dem der reinen Wissenschaft und dem der Kunst noch einen weiteren Aspekt: Sie erweisen sich nämlich als Veranschaulichungen bestimmter Erscheinungen in unserer Welt, die mit freiem Auge nicht sichtbar, doch naturwissenschaftlich höchst wichtig sind. Viele der Grafiken stellen Kräfte dar, andere Strömungen, weitere elektrische und magnetische Felder.

Bemerkenswerterweise sind auch für den Physiker und Techniker jene Bereiche in den Bildern interessant, in denen das Gleichmaß unterbrochen ist. So erweisen sich manche Häufungen von Linien als bruchgefährdete Stellen in Werkstoffen, und singuläre Punkte sind die Ursprünge jener Kraftfelder, mit denen Elementarteilchen, Elektronen und Protonen, umgeben sind (siehe Kapitel „Mathematische Felder"). Also nicht nur eine Verbindung von Mathematik und Kunst, sondern auch ein Zusammenhang mit grundlegenden Erscheinungen, deren Verständnis für unser Leben wichtig ist. Natürlich lassen sie sich durch Formeln beschreiben, es ist aber sehr zu begrüßen, daß nun auch ein bequemer Zugang über Bilder möglich ist.

'Kleeblatt' – algebraische Funktion

Algebraische Landschaft

MOIRÉ – DAS ABBILD DER WELLEN

Moirés nennt man sie im Textilgewerbe, die Wahrnehmungspsychologen zählen sie zu den optischen Täuschungen, und die Physiker sprechen von Interferenzen. Gemeint sind jene Streifenmuster, die entstehen, wenn man Linien- oder Punktmuster einander überlagert. Wir alle kennen den Effekt von durchsichtigen Vorhangstoffen her: Wenn man zwei oder mehrere Lagen davon im Gegenlicht betrachtet, so erscheinen wandernde Linien – hervorgerufen durch die Bewegung des Betrachters oder auch durch jene der Stoffe. Ähnliche Erscheinungen lassen sich beobachten, wenn man an zwei hintereinander angeordneten Lattenzäunen vorbeifährt; es handelt sich dann um ein Wandern paralleler Streifen in der Fahrtrichtung. Den Naturwissenschaftlern und Ingenieuren sind noch weitaus mehr Beispiele bekannt – dazu gehören insbesondere die vielfältigen Muster, die bei der Überlagerung von Wellen entstehen. In der letzten Zeit hat sich eine Gruppe weiterer Interessenten angemeldet: die Künstler der op-art-Richtung. Sie haben entdeckt, daß sich mit Hilfe von Moirés Scheinbewegungen und Scheinräume erzielen lassen, also genau jene Effekte, auf die sich diese optisch orientierte Kunstform stützt.

Dem Reiz der Überlagerungsmuster kann sich niemand entziehen, wenn auch die Erklärung der Erscheinung für Naturwissenschaftler und Techniker relativ einfach ist. Von der Wellenlehre her wissen sie, daß hell und hell unter Umständen auch dunkel ergeben kann. Eine ähnliche Beobachtung kann man auch mit Rasterfolien machen. Legt man zwei solche mit gleichem Linienmuster deckungsgleich übereinander, so erhält man eine mittlere Bedeckung mit Farbe, die dem „hell" des Interferenzbildes entspricht. Verschiebt man jedoch die eine Folie um eine Linienbreite so, daß sich jeweils die hellen Partien auf die dunklen legen und umgekehrt, dann ist die gesamte Fläche gleichmäßig „dunkel". Dreht man nun eine Folie ein wenig gegen eine andre, so ergibt sich überall dort „hell", wo die hellen und dunklen Linienabschnitte übereinanderliegen, und überall dort „dunkel", wo sie auf Lücke liegen. Auf diese Weise entstehen helle und dunkle Streifen, das „Zebramuster der Moirés". Dreht man die Folie weiter, so wandern die Linien des Überlagerungsmusters immer näher aneinander, bis dann, bei einer Winkelstellung von mehr als 45 Grad, der Moiréeffekt allmählich verschwindet.

Das Verblüffende dabei ist die Tatsache, daß schon geringfügige Bewegungen der Folien heftige Bewegungen der Moiréstruktur hervorrufen. Mit ein wenig Mathematik läßt sich das aber leicht einsehen. Es liegt an der Tatsache, daß man mit Hilfe von Linien- und Punktrastern eine Art mathematischen Vergrößerungseffekt erreicht. Überlagert man Linien, so entsteht ein vergrößertes Linienmuster, und überlagert man Punkte, so entsteht ein vergrößertes Punktmuster. Dieser Vergrößerungseffekt ist keineswegs nur eine mathematische Fiktion, sondern Realität. Es gibt sogar Beispiele für eine praktische Nutzung in der Physik: Das Auflösungsvermögen des Elektronenmikroskops reicht bekanntlich nicht ganz aus, um einzelne Atome sichtbar zu machen. Macht man jedoch eine Aufnahme von zwei übereinanderliegenden kristallinen Plättchen, so kann sich ein vergrößertes Bild der Gitterebenen ergeben, das das Punktmuster der Gitterebene erkennen läßt.

Eine der frühesten Anwendungen der Moirés stammt vom bekannten Physiker Lord Rayleigh. 1874 gelang ihm auf diese Weise die Prüfung von Beugungsgittern. Das dabei angewandte Prinzip läßt sich recht allgemein verwerten; es beruht auf dem Vergleich eines Objekts mit einem ideal geformten Testmuster. Will man die Verformung durch mechanische oder thermische Einflüsse überprüfen, so kann man auf der Oberfläche des Objekts auf photographischem Weg eine Kopie des Testrasters auftragen. Betrachtet man das Objekt durch dieses hindurch, dann dürfen sich im unverformten Zustand keine Moirés ergeben. Diese treten erst nach der Verformung auf und erlauben unter anderem die Prüfung, ob die Formänderung noch innerhalb der Toleranzen liegt.

Eine Vielfalt von Anwendungen ergibt sich durch die Tatsache, daß sich mit Hilfe von Moirés Interferenzerscheinungen simulieren lassen. Mit anderen Worten: Wenn man sich für den Überlagerungseffekt verschiedener Wellenfelder interessiert, so kann man das Problem mit Hilfe von Moiréerscheinungen auf grafischem Weg lösen – was oft einfacher und schneller ist als die Berechnung. Auf diese Weise kommt man zu den auch ästhetisch sehr reizvollen Figurationen,

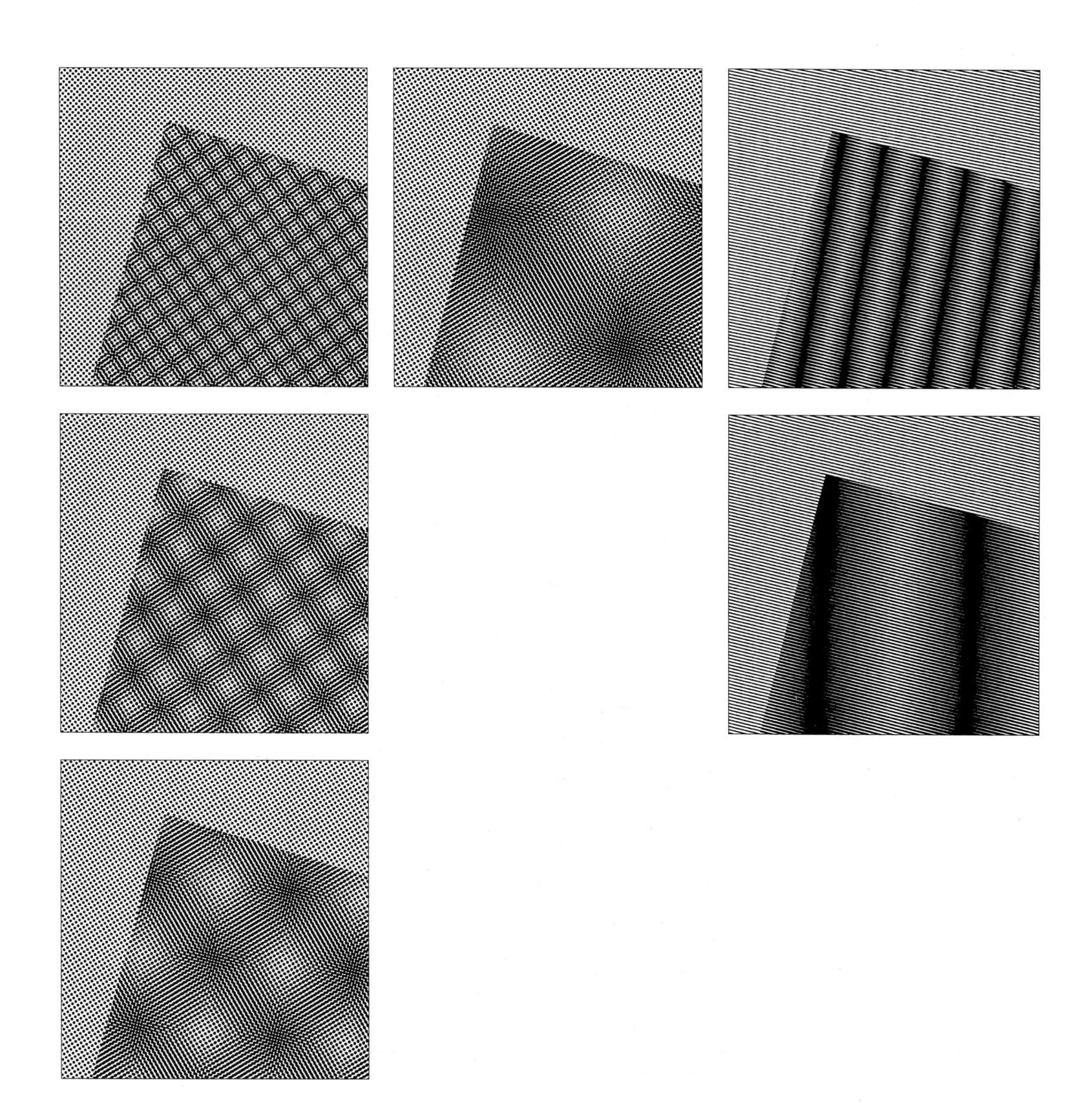

Punkt- und Linienraster –
Vergrößerungseffekt durch Überlagerung

Moiré – das Abbild der Wellen

die durch die Überlagerungen verschiedener Linienmuster entstehen.

Als weitere Anwendungsbeispiele sind Felder verschiedenster Art zu nennen, vor allem solche der Strömungs- und der Potentiallehre (siehe Kapitel „Mathematische Felder").

Sind die Zahlen nicht willkürlich verteilt, sondern entsprechen stetigen mathematischen Funktionen, dann kann man zur grafischen Darstellung auch ein Linienmuster verwenden. So erhält man eine gute Beschreibung des Strömungsverhaltens eines Gases oder einer Flüssigkeit, wenn man die Bahnen mitbewegter Teilchen beliebig dicht ineinanderliegend einträgt. Und man gewinnt eine gute Übersicht über eine Energieverteilung, wenn man – entsprechend einer Höhenliniendarstellung – Orte gleicher Energie durch Linien verbindet.

Auf diese Weise ist der Übergang zu experimentellen Methoden der Mathematik hergestellt. Dazu nur ein Beispiel: Jedes Linienmuster kann man als Höhenliniendarstellung einer Raumfläche ansehen. So kann eine Schar paralleler Gerader die Höhenliniendarstellung einer schiefen Ebene sein und eine Schar gleichabständiger konzentrischer Kreise die Höhenliniendarstellung eines Kegels. Die Überlagerung der Moirémuster läßt sich dann aber auch geometrisch deuten – und zwar ist die Moirékonfiguration das Abbild der gegenseitigen Schnitte der zugrundeliegenden Raumflächen. Überlagert man die Bilder der schiefen Ebene und des Kegels, so erhält man die berühmten Kegelschnitte: Ellipsen, Hyperbeln und Parabeln.

Auch der Computergrafiker kommt meist nicht umhin, sich mit Moirés auseinanderzusetzen. Gewöhnlich handelt es sich dabei um einen störenden Nebeneffekt, um dessen Behebung er sich bemüht.

Es gibt zwei Ursachen dafür. Die erste liegt in der Natur des Bildschirms begründet; er ist mit einem Punktraster besetzt, einer aufgedampften Masse, die durch den Elektronenstrahl der Röhre zum Leuchten angeregt wird. Hat man es mit Farbmonitoren zu tun, dann sind es sogar drei übereinander gelagerte Raster für die Grundfarben rot, grün und blau. Ist das Raster genügend fein, dann merkt man normalerweise nichts davon; für das Auge entsteht der Eindruck kontinuierlicher Farbverteilungen (siehe Kapitel „Grafik aus dem Computer").

Kleincomputer sind meist mit Bildschirmgeräten grober Rasterung – man spricht dann von niedriger Auflösung – gekoppelt. Man muß sich deshalb mit grobgerasterten Bildern begnügen, in der Regel mit solchen, die sich wie ein Mosaik aus quadratischen oder rechteckigen Elementen zusammensetzen. Linien, Konturen oder Farbgrenzen erscheinen dann in unangenehmer Weise ausgezackt. Kommen im Abbild regelmäßige Muster, beispielsweise aus Punkten oder Streifen, vor, dann entstehen daraus Moirés, die den Bildeindruck natürlich noch mehr stören.

Die zweite Quelle der Moirés geht auf eine ähnliche Basis zurück, obwohl es diesmal nicht am Bildschirm liegt, sondern an der Genauigkeit, mit der die Bilder im Computer berechnet werden. Das liegt an der unvermeidlichen Tatsache, daß bei der sogenannten Rastergrafik, die in den meisten üblichen Computersystemen verwendet wird, Bilder stets punktweise dargestellt werden. Mit entsprechendem Rechenaufwand kann man auch diesmal die Störung vermeiden – indem man das Bild mit höherer Auflösung berechnet. Dem sind bei kleineren und mittleren Computern meist durch Rechnergeschwindigkeit und Speicherkapazität Grenzen gesetzt, und so ergeben sich unter den beschriebenen Bedingungen die üblichen Störeffekte.

Wie das Beispiel verschiedener künstlerischer Anwendungen beweist, gibt es aber auch Fälle, bei denen Moirés willkommen sind. Besonders die an grafischen Arbeiten interessierten Besitzer von Kleincomputern erhalten durch sie Gelegenheit, komplexe ornamente Figuren zu erzeugen. Nützt man den Überlagerungseffekt bei laufenden Bildern, so erreicht man eine Komplexität der Anordnung, die sich selbst mit einem erheblich größeren Computer nur aufwendig programmieren und nicht in Echtzeit vorführen ließe.

Bei computergrafischen Arbeiten stellt sich oft das Problem, Bilder von unerwünschten Moirémustern zu befreien – was wir beispielsweise durch eine Glättung (siehe Kapitel „Das Gesetz des Zufalls") erreichen. Andererseits aber hat uns der grafische Reiz der Moirémuster nicht unberührt

Moiré – das Abbild der Wellen

gelassen, und so bezogen wir sie in unser Repertoire mit ein. Einige der Bilder entstanden mit einem Programm zum gezielten Aufbau von Interferenzmustern; bei anderen ließen wir nach verschiedenen Formeln aufgebaute Bilder absichtlich mit gröberer Auflösung berechnen – und kamen auf diese Weise oft zu Ergebnissen, die uns betrachtenswert erschienen. Auch hier, wie in vielen anderen Fällen, führt die experimentelle Auseinandersetzung mit dem Objekt zu einem besseren Verständnis; mit der Zeit sammelt man Erfahrungen, die es erlauben, die bei weiteren Bildserien gewonnenen Konfigurationen nicht dem Zufall zu überlassen, sondern die gewünschten Muster gezielt zu realisieren.

Die Moirés, die man zunächst vielleicht nur als Objekte mathematischer Tüftler ansehen möchte, haben somit in verschiedensten Bereichen Bedeutung. Sie erregen die Aufmerksamkeit von Designern und Werbefachleuten, sie geben Anlaß zu vielerlei grafischen und ästhetischen Experimenten, sie erfreuen uns durch ihr besonderes Formenspiel, sie weisen uns auf Erscheinungen der Wahrnehmung und des Denkens hin, sie helfen bei der Veranschaulichung mathematischer Funktionen, und sie tragen zur Lösung verschiedenster wissenschaftlicher und technischer Probleme bei. Sie sind deshalb typisch für jene Erscheinungen, durch die sich eine Verbindung zwischen Wissenschaft, Kunst und täglichem Leben herstellen läßt.

Moiré – das Abbild der Wellen

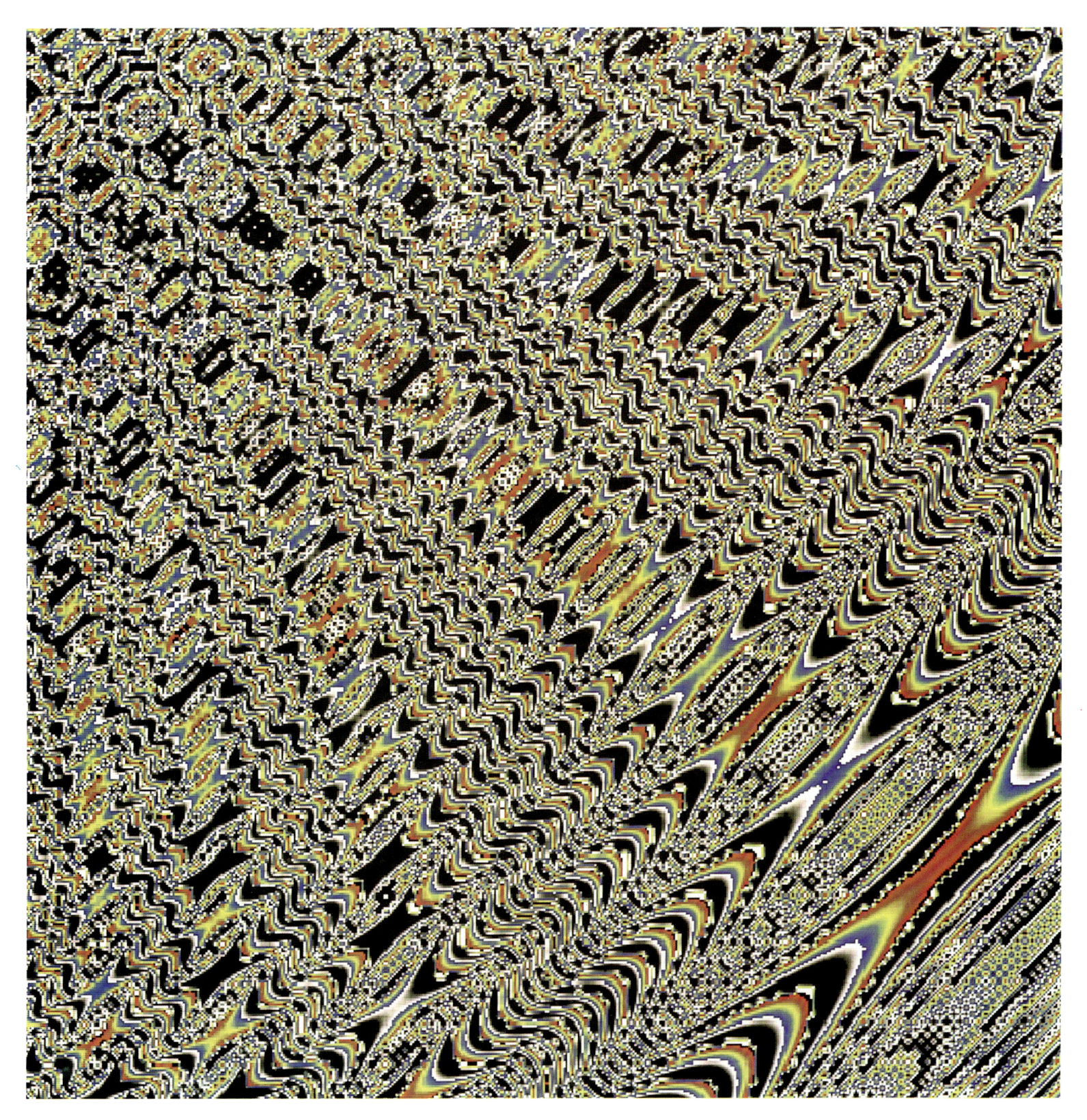

Moiré – das Abbild der Wellen

42

Moiré – das Abbild der Wellen

Moiré – das Abbild der Wellen

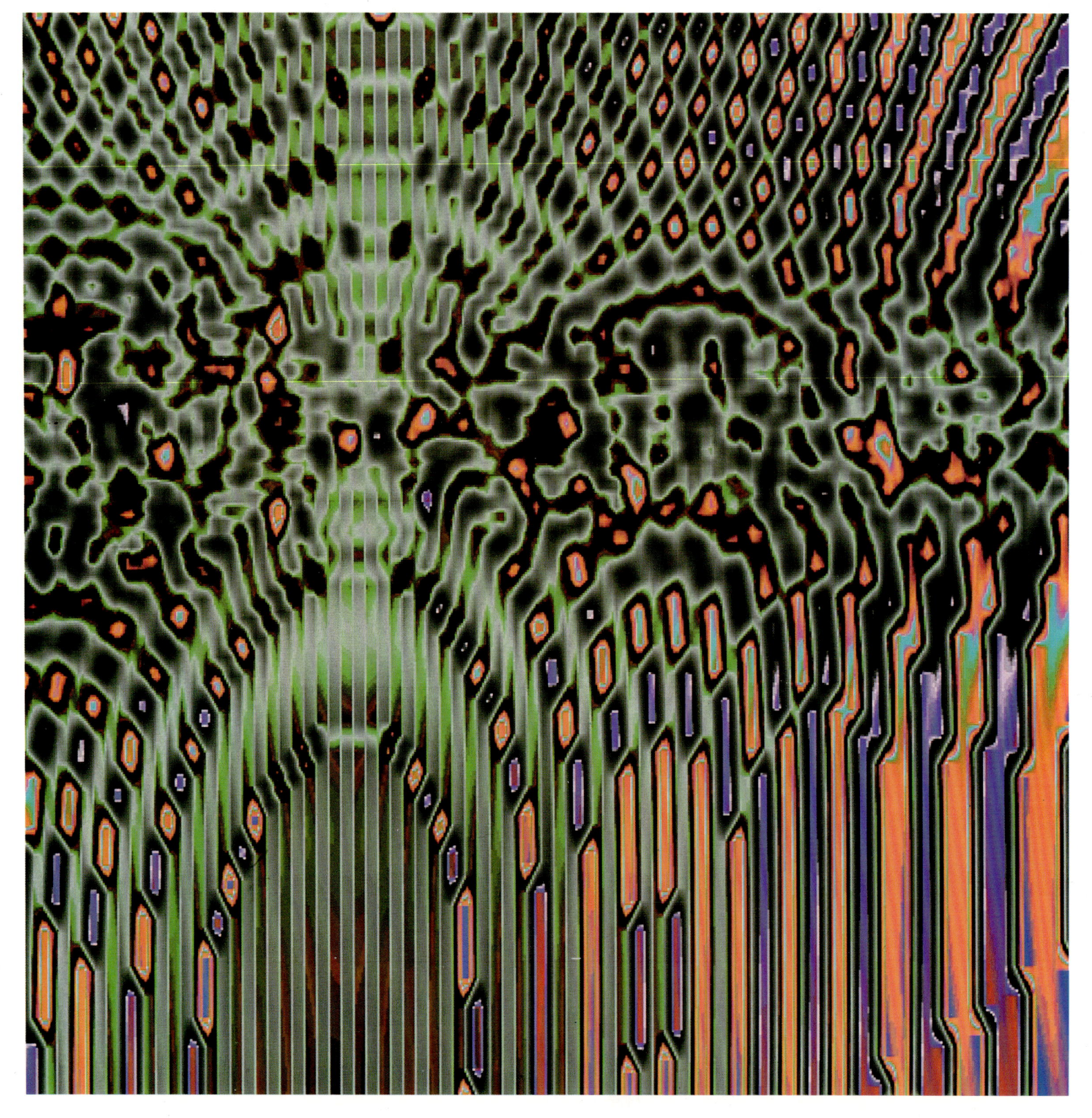

VERWANDLUNGSSPIELE

Der größte in der Wissenschaft betriebene Aufwand gilt den Lösungen der Fragen, den Regeln, denen man dabei folgen muß, den Methoden, die zum Ziel führen. Die Antworten, möglichst allgemein gefaßt, bilden dann jene Sätze, die den Kenntnisstand der Wissenschaft bestimmen.

Bei alledem tritt der einleitende Teil wissenschaftlicher Arbeit, die Herausbildung einer Frage, in den Hintergrund. Tatsächlich hat sie nicht weniger Bedeutung als die Antwort, und, wie die Erfahrung zeigt, liegt die eigentlich kreative Leistung darin, auf Probleme aufmerksam zu werden, Fragen zu formulieren.

Manche Probleme, die sich in der Wissenschaft stellen, scheinen selbstverständliche Dinge zu betreffen. Das gilt auch für die Transformationen, die in der Mathematik eine große Rolle spielen. Am Anfang stand die Frage der Beziehung zwischen Original und Abbild.

Der einfachste Fall liegt vor, wenn nicht irgendwelche Ausschnitte der wirklichen Welt abzubilden sind, sondern etwas, was schon einen Abbildungsprozeß hinter sich hat und dadurch – es sei vorweggenommen – in einer vereinfachten Form vorliegt. Es geht also um „Bilder von Bildern".

In der Kunst haben wir es oft mit diesem Problem zu tun: Es liegt ein von einem großen Maler geschaffenes Werk vor, das nun reproduziert werden soll, wozu es manuelle und apparative Verfahren gibt. Im ersten Fall ist es ein Kopist, der die Aufgabe hat, ein Duplikat herzustellen. Unter Umständen macht er sich keine großen Gedanken über die Regeln, die es zu befolgen gilt, sondern tut unbewußt das Richtige. Vielleicht legt er auch ein quadratisches Raster über das Original und versucht dann, jedes Teilquadrat möglichst getreu auszufüllen.

Unter den von Apparaten unterstützten Verfahren spielt die Fotografie eine hervorragende Rolle. Es ist das optische System, das das Bild erzeugt, die Fotoplatte dient lediglich als Datenträger. Auch bei der Reproduktion für Druckzwecke oder der Wiedergabe durch Fernsehkameras benötigt man sie, und selbst im menschlichen Auge ist es ein optisches System, das das Bild auf die Netzhaut wirft. Ganz uneingeschränkt gilt diese Verallgemeinerung allerdings nicht, für Spezialzwecke gibt es auch andere abbildende Systeme – die nichts mit Optik zu tun haben. Eines der spektakulärsten ist jenes des Rasterelektronenmikroskops, das auf dem Prinzip des Abtastens beruht. Es ist ein fein ausgeblendeter Elektronenstrahl, der zeilenweise über das Objekt geführt wird und dabei Daten über die Oberflächenform des untersuchten Gegenstandes liefert. Das Ergebnis, ein Mosaik aus vielen Einzeldaten, wird schließlich auf einem Monitor wieder zusammengesetzt. Auf diese Weise ist es gelungen, von winzigen Bereichen, z. B. von Kristallen oder Kleinlebewesen, plastische Bilder zu erzeugen.

Bei allen Beispielen aus der Praxis steht von vornherein fest, daß die Abbildung nicht vollständig sein kann. Einem Schwarzweißfoto fehlt die Farbigkeit des Originals. Aber selbst ein naturgetreues Farbfoto weist einen entscheidenden Mangel auf – indem es nämlich eine dreidimensionale Szenerie als flächenhafte Abbildung wiedergibt. Dieser Übergang vom Dreidimensionalen zum Zweidimensionalen bedeutet eine weitgehende Abstraktion, einen Verlust vieler wichtiger Daten. Es gehört zu den Aufgaben der modernen computerunterstützten Bildverarbeitung, aus flächenhaften Bildern, wie sie Satelliten oder Planetensonden liefern, auf die dreidimensionale Form der wiedergegebenen Oberfläche rückzuschließen. Man kann dazu den Schattenwurf verwenden oder sich auf aus verschiedenen Richtungen aufgenommene Bildpaare stützen.

Wenn sich die Mathematik eines Problems bemächtigt, dann geht das nicht ohne Formalisierung ab. So wird es manchen überraschen, wie ein Mathematiker den Begriff der Abbildung definiert:

Wird jedem Element einer Menge A eindeutig ein Element einer zweiten Menge A' zugeordnet, so nennen wir diese eindeutige Zuordnung auch Abbildung A – A'.

Damit ist, wie man sieht, die Abbildung ohne Rückgriff auf irgendeinen geometrischen Sachverhalt definiert, und das bedeutet, daß man die gesamte Theorie der Abbildungen arithmetisch, formal und ohne Anschauungshilfe entwickeln kann. Jener Mathematiker, der als Begründer der modernen Transformationstheorie gelten kann, war der in Göttingen lebende Felix Klein (1849–1925). Es gibt allerdings keinen triftigen Grund, nach den Eigenschaften von Abbildungen zu fragen, ohne sich das Beispiel von realen Bildern vor Augen zu halten, es sei denn, man legt Wert darauf, daß die Aussagen auch für vieldimensionale Räume gelten. Das soll aber hier nicht unbedingt gefordert sein.

Eine Abbildung, nach dem Vorschlag von Felix Klein definiert, könnte folgendermaßen aussehen:

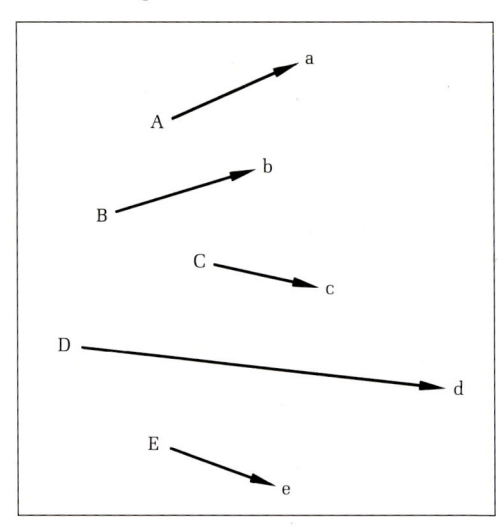

Offensichtlich folgt die auf diese Weise beschriebene Abbildung der gegebenen Definition, ebenso deutlich allerdings ist, daß manches dabei fehlt, was bei einer Abbildung im üblichen Sinn eigentlich zutreffen sollte. Im Grunde genommen sind es geometrische Beziehungen zwischen Original und Abbild, die sich – eben mit den Mitteln der Geometrie – auch allgemeingültig erfassen lassen.

Und wieder gelangt man über die allgemeine Formulierung zu einer präziseren Fragestellung: Welche Eigenschaften sind es eigentlich, die zwischen Bild und Abbild bestehen? Oder anders ausgedrückt: Welche Merkmale des Bildes müssen ins Abbild übertragen werden, und welche nicht? Wie man leicht bestätigen kann, gibt es darauf keine eindeutige Antwort, vielmehr hängt das, was in einem Abbild enthalten sein soll, von seinem Zweck ab.

Nehmen wir als Beispiel einige der häufigsten Abbildungen des täglichen Gebrauchs. Eine Fotografie ist ein solches Abbild, mit dessen Qualität wir normalerweise durchaus zufrieden sind. Abgesehen von seiner Flächenhaftigkeit weist es noch eine weitere grundlegende Abweichung gegenüber dem Original auf: Es ist stark verkleinert. In der Tat gehören Vergrößerungen und Verkleinerungen zu den grundlegenden Transformationen, bei deren Anwendung eine ganze Reihe wichtiger Eigenschaften unangetastet bleibt. Einen anderen Typ der Abbildung stellt die Landkarte dar. Hier ist das Problem noch ein wenig schwieriger, denn es handelt sich um die Übertragung eines Ausschnitts der gekrümmten Erdoberfläche in eine Ebene, was nicht ohne Zerrungen abgeht. Auch hier kommt es auf den Zweck an: Wünscht man, daß die Flächeninhalte der abgebildeten Länder im richtigen Verhältnis erscheinen? Oder legt man mehr Wert darauf, daß die Entfernungen zwischen den Städten richtig wiedergegeben sind? Je nachdem muß man, wie die Theorie lehrt, auf verschiedene Arten von Transformationen zurückgreifen.

Im Gegensatz zur hochabstrakten Form einer Abbildung, wie sie durch die oben genannte Definition bestimmt ist, soll es hier um geometrisch beschreibbare Gebilde gehen, hauptsächlich um Rechtecke oder Kreise. Das bedeutet keinen Widerspruch gegenüber der allgemein gefaßten Definition, die für beliebig verteilte Punkte gilt. Reiht man diese Punkte so, daß sie den Umriß einer geometrischen Figur bilden, dann ist bereits der Übergang zum Spezialfall vollzogen, der uns interessiert. Normalerweise sehen wir die Begrenzungen ebener geometrischer Gebilde als zusammenhängende Kurven, doch zumindest in unseren Computerbildern sind sie tatsächlich aus Einzelpunkten aufgebaut. Die in der Definition angedeutete, Punkt für Punkt erfolgende Abbildung hat also durchaus ihre Berechtigung: Wir vollziehen sie dadurch, daß wir die Position des Punktes mit Hilfe einer mathematischen Vorschrift ändern. Diese Vorschrift kann eine Gleichung sein, die die Koordinaten des Bildes in die Koordinaten des Abbildes überführt.

Die wichtigsten Transformationen, die ursprünglich im Mittelpunkt des Interesses standen, sind der Anschauung, dem täglichen Leben entnommen. Wie man leicht einsieht, läßt sich die Theorie auch auf manche Fälle anwenden, die man nicht unbedingt in Zusammenhang mit der Problematik des Abbildens bringen würde. Dazu gehört unter anderem die Ortsveränderung starrer Körper im Raum, oder, einfacher, die Ortsveränderung starrer flächenhafter Gebilde in der Ebene. Entsprechend dem Prinzip der Verallgemeinerung müssen die Sätze so formuliert werden, daß sie unabhängig vom Inhalt, in diesem Fall also unabhängig von der Form der gegebenen Objekte, gelten.

Verwandlungsspiele

Verwandlungsspiele

Verwandlungsspiele

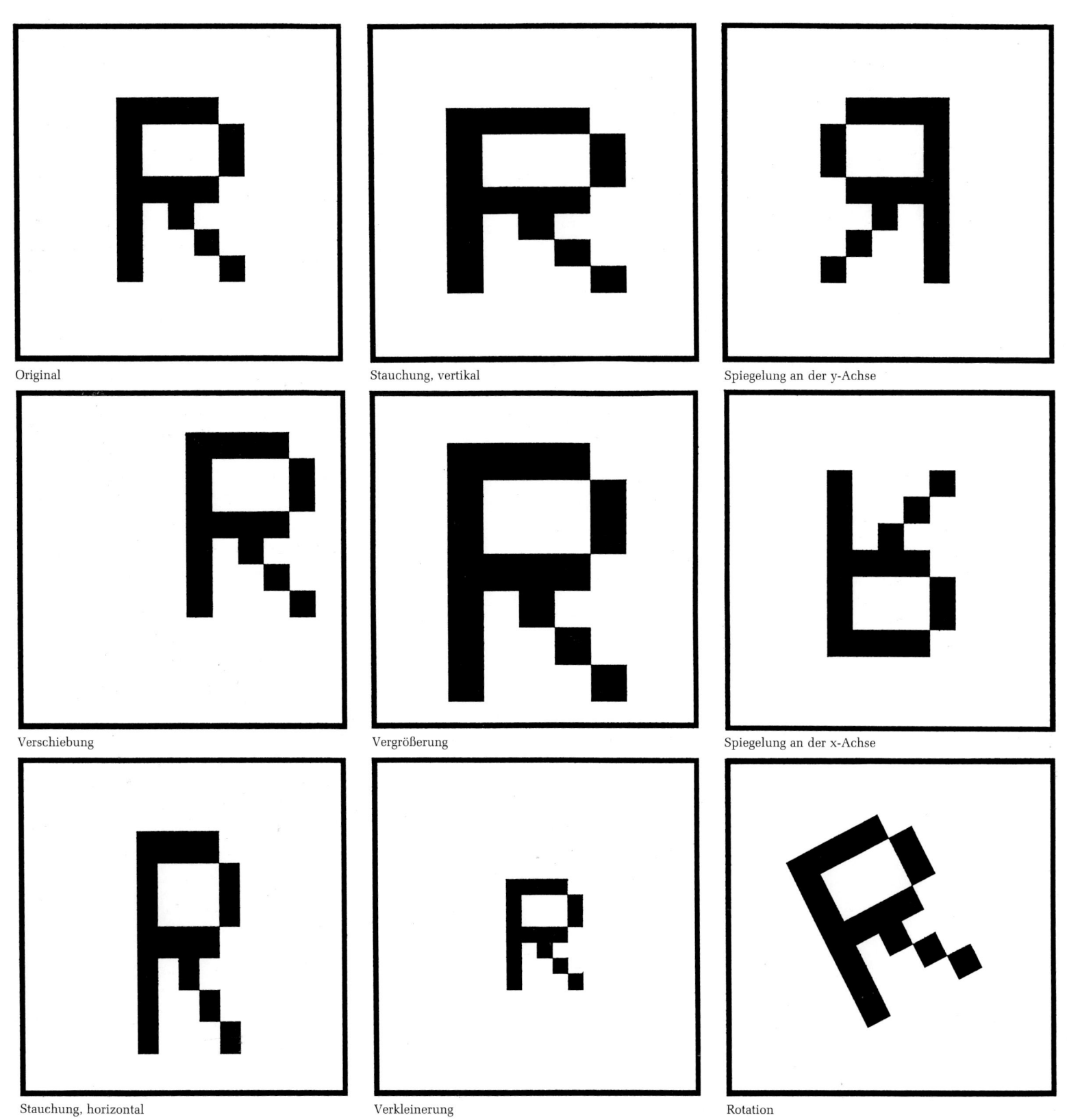

Transformationen des Buchstaben R

Original	Stauchung, vertikal	Spiegelung an der y-Achse
Verschiebung	Vergrößerung	Spiegelung an der x-Achse
Stauchung, horizontal	Verkleinerung	Rotation

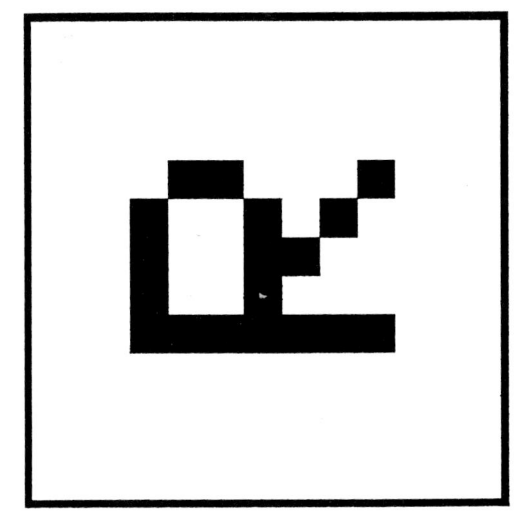

Rotation

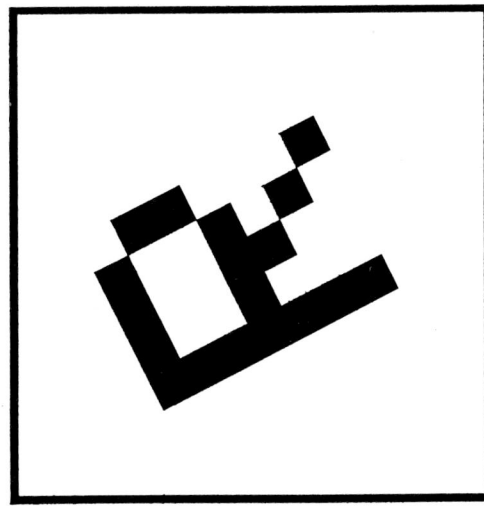

Rotation

Es gibt nur zwei Typen von Transformationen, die an starren Körpern ohne Formveränderung möglich sind, und zwar die Verschiebung (Translation) und die Drehung (Rotation). Eine weitere bekannte Art der Transformation ist die Spiegelung. Zunächst sieht es so aus, als bliebe auch bei der Spiegelung die ursprüngliche Form erhalten, und in der Tat gilt das auch für bestimmte geometrische Gebilde, nämlich regelmäßige Vierecke oder Kreise. Hat man es allerdings mit unregelmäßigen Formen zu tun, dann kann man Bild und Spiegelung nur dadurch zur Deckung bringen, daß man es aus der gegebenen Ebene herausklappt; man kann darüber streiten, ob das erlaubt sein soll oder nicht. Im entsprechenden dreidimensionalen Fall allerdings können durch Spiegelung Körper entstehen, die sich durch keine Verschiebung oder Drehung mit dem Original zur Deckung bringen lassen. In Analogie zum ebenen Fall müßte dazu durch die vierte Dimension gekippt werden – und diese Möglichkeit bietet uns die Wirklichkeit nicht. Es ist somit sicher berechtigt, die Spiegelung als eigenständige Möglichkeit einer Transformation von Verschiebung und Drehung zu trennen.

Alle genannten – und auch alle weiteren – Transformationen lassen sich beliebig oft hintereinander anwenden. Wichtig ist dabei, daß jene Eigenschaften, die als unveränderlich (invariant) erkannt sind, über alle Transformationsschritte hinweg unveränderlich bleiben. Das berechtigt den Mathematiker, diese Transformationen zu einer bestimmten, allgemein definierten Art mathematischer Elemente, den sogenannten 'Gruppen', zusammenzufassen. Die Einreihung in eine solche Gruppe hängt davon ab, welche Eigenschaften bei der betreffenden Transformation unverändert bleiben und welche nicht. Vom Standpunkt einer auf ästhetischen Eigenschaften ausgerichteten Anwendung der Mathematik ist es erwähnenswert, daß solche Wiederholungen von Transformationen oft Gebilde ergeben, die als ausgewogen oder harmonisch gelten. Wiederholt angewandte Translation führt zur Bildung von flächenhaften Mustern, wiederholt angewandte Rotationen zur Entstehung von Rosetten. Dabei tritt die Frage auf, wie oft man eine Drehung um einen bestimmten Winkel wiederholen muß, um das Abbild mit dem Ursprungsbild zur Deckung zu bringen. Den Spezialfall einer Drehung um 180 Grad bezeichnet man auch als Punktspiegelung. Auch die Spiegelung selbst hat ästhetische Aspekte; sie ergibt nämlich jene Art von Symmetrie, die man als Achsen- oder Spiegelsymmetrie bezeichnet. Sie findet sich bei allen höherentwickelten Lebewesen, aber auch in vielen Werken der Kunst – der Malerei und der Architektur.

Was eben anschaulich skizziert wurde, läßt sich auch arithmetisch beschreiben. So bewegen sich die Punkte bei einer Verschiebung entlang von Geraden, deren Formel gut bekannt ist. Bei einer Drehung bewegen sie sich auf Kreislinien, die sich ebenso leicht angeben lassen. Auch die Spiegelung ist einfach zu erfassen: Wählt man die y-Achse eines Koordinatensystems als Spiegelachse, dann braucht man lediglich vor die x-Werte der Positionsangabe ein Minuszeichen zu setzen, um zum gespiegelten Objekt zu kommen. Setzt man das Minuszeichen vor den x- und den y-Wert, dann ergibt sich die eben erwähnte Punktsymmetrie.

Von dieser Warte aus fällt es nicht schwer, zu allgemeineren Transformationen überzugehen. Im Prinzip gelingt das durch jedes System von Gleichungen, aus dem sich die neuen Koordinaten aus den alten berechnen lassen:

$$x' = f(x, y); y' = g(x, y).$$

Jeder Punkt x, y geht in einen Punkt x', y' über. Natürlich darf man nicht erwarten, daß die wesentlichen Eigenschaften eines abgebildeten Gegenstandes erhalten bleiben, wenn man den Zusammenhang willkürlich wählt. Für die geometrische Form trifft das sicher nicht zu, denn, wie dargelegt, sind Verschiebung und Drehung die einzigen Transformationen, bei denen diese als 'Invariante' auftritt. Aber welche anderen Eigenschaften können erhalten bleiben, wenn sich die Gestalt ändert? Dazu nur einige wenige Beispiele: Für bestimmte Zwecke könnte man verlangen, daß trotz geometrischer Verformung der Flächeninhalt gleich bleibt – ein Fall wie er etwa beim Tausch

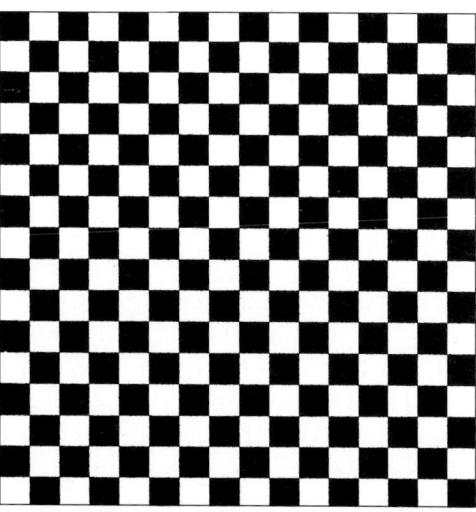

Verzerrungen, an einem Schachbrett demonstriert

von Grundstücken wichtig sein kann. Das ließe sich durch zwei bisher nicht erwähnte Arten von Transformationen erreichen, nämlich durch eine Dehnung in der einen Richtung und eine Stauchung in der anderen. Es gibt aber auch raffiniertere Lösungen des Problems, beispielsweise eine Verdrillung um den Mittelpunkt.

Recht ungewöhnliche Ergebnisse erreicht man auch durch Spiegelung, die diesmal nicht an einer geraden Achse, sondern an einer beliebigen Kurve erfolgten. Ein Sonderfall ist die Spiegelung am Kreis. Um zu sehen, was dabei geschieht, empfiehlt sich der Gebrauch eines regelmäßigen Rasters, beispielsweise eines Schachbretts; die durch die Transformation erreichte Verformung wird dadurch direkt sichtbar. Nicht zu verwechseln ist die Spiegelung am Kreis mit der Projektion auf eine Kugeloberfläche, genauer, auf die Oberfläche einer Halbkugel. Da dabei die Ecken der quadratischen oder rechteckigen Begrenzung in die Peripherie der Kugel fallen, geht das nicht ohne starke Verzerrungen ab.

Spiegelungen an Kegeloberflächen, Anamorphosen genannt, waren übrigens schon im Mittelalter ein Erstaunen erregender Effekt, an dem sich die Gebildeten ergötzten. Es ging dann meist darum, ein Bild so zu malen, daß sich sein Sinn erst bei der Betrachtung durch den Kegelspiegel erschloß. Auf Spiegelungen, die zu Verzerrungen führen, beruhen auch die Effekte des Spiegelkabinetts – noch heute eine beliebte Jahrmarktsattraktion.

Mit Projektionen auf Kugeln haben wir es zu tun, wenn sich die Umgebung an der Oberfläche einer Glaskugel spiegelt; vielleicht sind die dabei auftretenden, seltsam anmutenden Verzerrungen der Grund dafür, daß man Spiegelungen dieser Art für mystische Zwecke gebrauchte (und heute noch gebraucht). Diese Erscheinung ist ein Beispiel für eine ganze Reihe von Transformationen, die mit Hilfe gekrümmter Spiegel oder auch Linsen hervorgerufen werden.

Die meisten wissenschaftlich oder technisch bedeutungsvollen Projektionen sind stetig, und das bedeutet, daß die Abbildung nicht zu Knicken oder Unterbrechungen führt. Stetige Transformationen ergeben sich immer dann, wenn man zu ihrer Beschreibung stetige Funktionen verwendet (siehe Kapitel „Algebraische Landschaften"). Unter Umständen, gerade im Hinblick auf künstlerische Effekte, können aber gerade Unstetigkeiten zu grafisch interessanten Ergebnissen führen. Wendet man also zur Beschreibung der Transformation mit Absicht einmal eine unstetige Funktion an, dann beobachtet man, wie sich an bestimmten Stellen des Bildes Verdichtungen ergeben, zusammenlaufende Linien, vielleicht sogar der Umschlag eines regelmäßigen Streifenmusters in eine chaotisch scheinende Verteilung. Man nennt solche Stellen auch 'singulär'. Bei künstlerisch orientierten Versuchen erweist es sich als lohnenswert, singuläre Punkte und Linien an vorgegebenen Stellen zu verteilen, wodurch sich die Bilder wohltuenderweise beleben.

Vieles von dem, was für zweidimensionale Probleme, für Transformationen in der Fläche, gilt, läßt sich ohne weiteres auf drei und mehr Dimensionen übertragen. Im dreidimensionalen Raum gewinnt eine besondere Klasse von Abbildungen überragende Bedeutung: die Perspektive. Ihre Sonderstellung verdankt sie der Tatsache, daß das Linsensystem des Auges perspektivische Bilder der Umgebung liefert – daß unsere visuellen Vorstellungen, die Bilder, die wir uns von der Umwelt machen, durch die Perspektive bestimmt sind. Wird man mit einer ebenen Darstellung konfrontiert, beispielsweise einem Tafelbild, dann erweist sich die Abbildung als relativ einfach. Bei zentraler Sicht entsteht auf der Netzhaut ein verkleinertes Abbild des Originals, bei schiefem Blickwinkel treten Verzerrungen auf, doch die Abbildung genügt dem Gesetz der Ähnlichkeit, und somit ist die Erkennbarkeit nicht allzusehr gestört.

Als weitaus schwieriger erweist sich die Situation, wenn es um die Abbildung räumlicher Objekte geht; um den geometrischen Zusammenhang zu überblicken, sind komplizierte Überlegungen nötig; ein Teilgebiet der Mathematik, die darstellende Geometrie, ist diesem Problem gewidmet.

Verwandlungsspiele

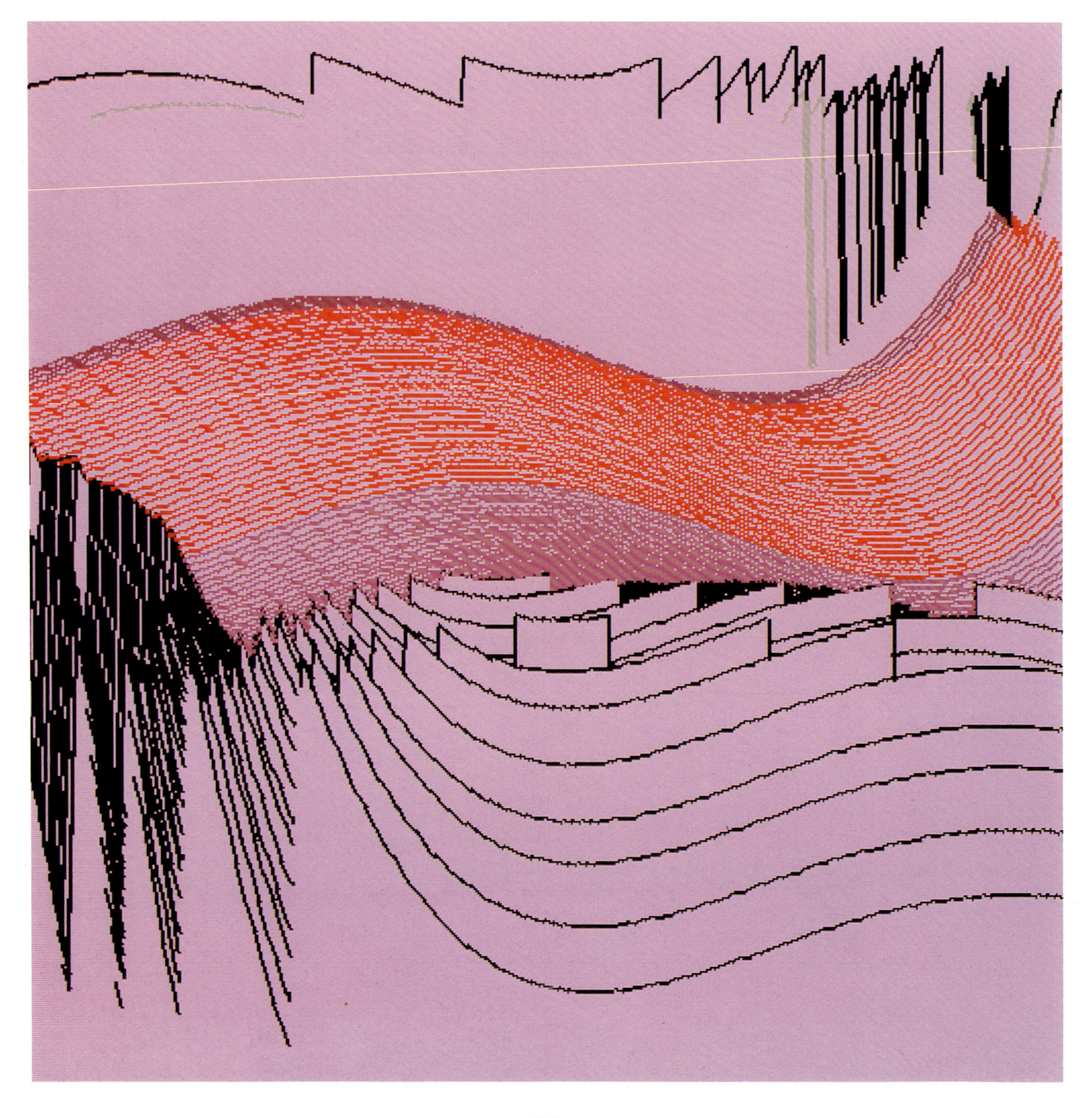

Verwandlungsspiele

Die Perspektive ist ein Beispiel für intensive Wechselwirkung zwischen Mathematik und Kunst. Erst im 15. Jahrhundert war man sich der Fragestellung bewußt geworden – vorher hatte man die Dinge eben so dargestellt, wie es sich ergab; in früheren Zeiten, beispielsweise in der ägyptischen Kunst, wurden die Gegenstände flach, entweder von vorne oder von der Seite gesehen, wiedergegeben. Auch eine Verkleinerung der weiter hinten liegenden Gegenstände, ein Mittel zur Vortäuschung von Tiefe, erschien den Malern keineswegs selbstverständlich, und, wie man sich an Hand vieler alter Kunstwerke überzeugen kann, sind die perspektivischen Verhältnisse oft fehlerhaft wiedergegeben. Das erste Buch, in dem die den Augen gemäße Zentralperspektive beschrieben wurde, stammt von Leonbattista Alberti, 1435 unter dem Titel „De Pictua" erschienen. In diesem Werk wird Filippo Brunelleschi erwähnt, ein aus Florenz stammender Architekt und Bildhauer. Von diesem sind zwei Werke bekannt, in denen er die Perspektive einsetzte, um illusionäre Effekte zu erzielen; den Bildern wurden Anweisungen beigegeben, wie und von wo aus sie zu betrachten und mit den dargestellten Gebäuden zu vergleichen wären. Leider sind Brunelleschis Gemälde verschollen, doch aus einer vermutlich von Antonio Manetti verfaßten Biographie kann man schließen, daß sie zwischen 1418 und 1425 entstanden sind.

Auch später waren es vor allem bildende Künstler, die sich mit der Perspektive beschäftigten. 1504 erschien die Abhandlung „De Sculptura" von Pomponio Gaurico, einem Bildhauer, der eine gute und klare Beschreibung perspektivischer Verhältnisse gab. Auch Leonardo da Vinci (1452–1519) und Albrecht Dürer (1471–1528) interessierten sich für die Perspektive – von beiden sind Zeichnungen und Unterweisungen für perspektivische Darstellungen erhalten.

Heute neigt man zur Auffassung, daß die aus der damaligen Zeit stammenden, perspektivischen Untersuchungen dienenden Darstellungen nichts mit Kunst zu tun hätten – eher mit Routine, die man mit mechanischen Hilfsmitteln, gespannten Schnüren oder Durchblickrastern, unterstützen konnte. Und diese Meinung festigte sich noch, seit die perspektivische Darstellung mit den Mitteln der Fotografie allgemein verfügbar wurde. Damals allerdings zog man diesen Trennungsstrich nicht; es gab noch keine Kluft zwischen Wissenschaft, Technik und Kunst, und viele kreative Geister dieser Zeit betätigten sich in beiden Bereichen.

Fragen der Darstellung räumlicher Gebilde spielen natürlich auch in der Technik eine vorherrschende Rolle. Das Wissen, das darüber im Laufe der Jahrhunderte bis heute erarbeitet wurde, orientierte sich daher mehr und mehr an technischen und nicht an künstlerischen Erfordernissen: Bis vor kurzem war das Interesse der zeitgenössischen Künstler an der Perspektive recht gering. Durch die moderne Computergrafik, die sich insbesondere der Darstellung dreidimensionaler Körper widmet, wurden Fragen der Perspektive erneut aktuell, und seit sich für diese Methode auch Werbung und Film interessieren, sind auch ästhetische Fragen wieder interessant geworden. Im Prinzip allerdings sind es die längst bekannten Beziehungen projektiver Geometrie, die man, entsprechend formuliert, in den Computerprogrammen anwendet, und es sind die alten Fragen des Blickwinkels, der Beleuchtung, des Schattenwurfs usw., die man damit löst. Heute stehen verschiedene Programme zur Verfügung, mit denen man einen Wechsel des Blickwinkels oder eine Veränderung der Lichtverhältnisse bei gegebenen Objekten routinemäßig vollziehen kann.

Mit Hilfe perspektivischer Projektionen werden dreidimensionale Objekte als flächenhafte Bilder dargestellt. Es ist verständlich, daß dabei der Informationsgehalt abnimmt. Das gilt vor allem für jene Teile der Objekte, die von den weiter vorne liegenden verdeckt werden. Wie man beweisen kann, läßt sich aber auch aus dem sichtbaren Bereich der Abbildung die räumliche Situation nicht eindeutig rekonstruieren. Daraus ergeben sich einige Konsequenzen für den menschlichen Sehprozeß, denn eigentlich liefern die Augen nur zweidimensionale Projektionen der Außenwelt, während es auch darauf ankommt, die Umwelt dreidimensional zu erfassen. Um das zu erreichen, wendet die Natur recht raffinierte Methoden an. Im Nahbereich wird der räumliche Eindruck durch das stereoskopische Sehen ermöglicht,

Verwandlungsspiele

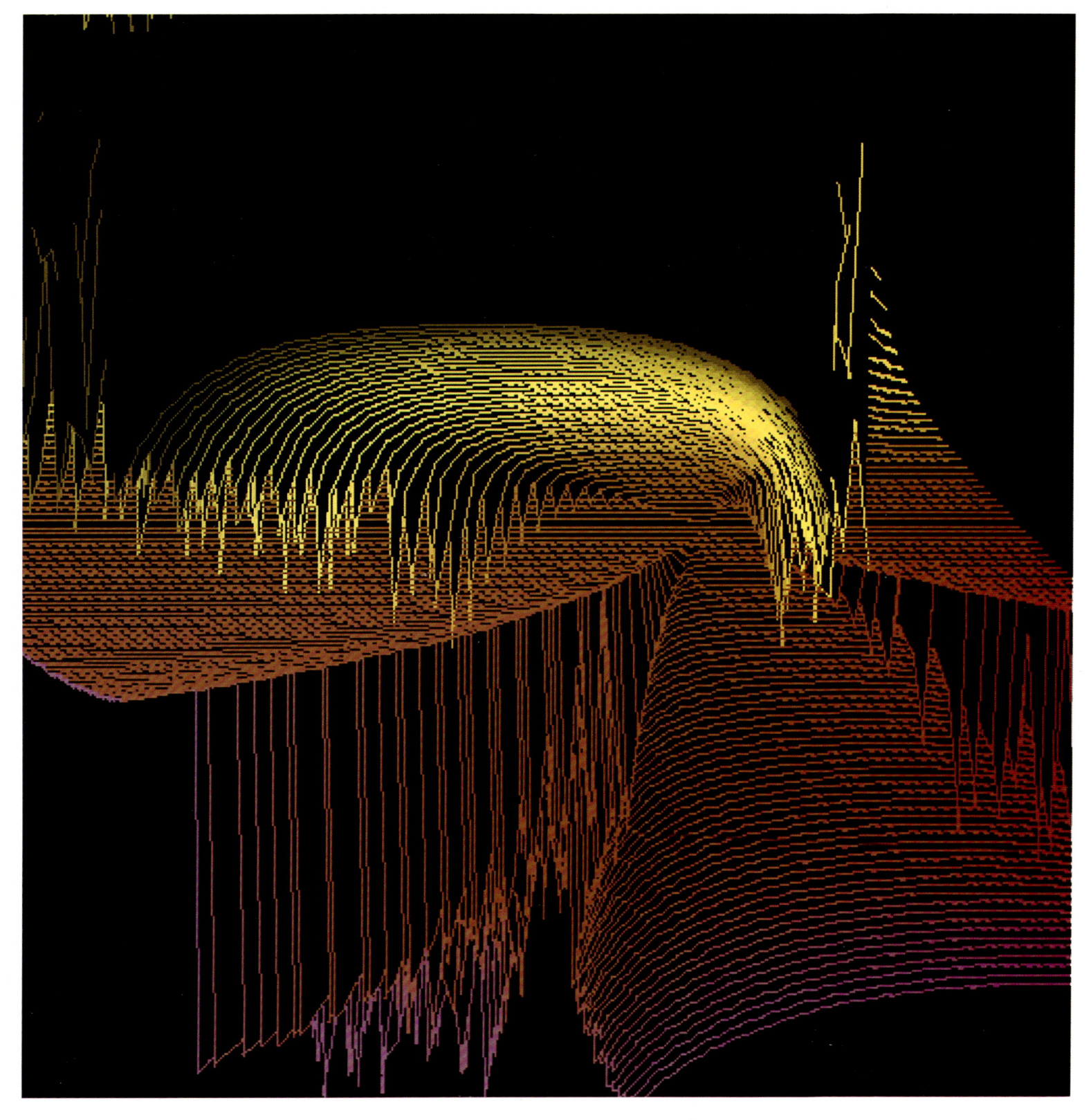

beruht also auf dem Einsatz von beiden Augen, die die Umgebung aus verschiedenen Blickwinkeln betrachten. Es sind also zwei verschiedene Bilder, die auf diese Weise eingefangen werden; das menschliche Gehirn ist imstande, aus den Unterschieden die dreidimensionalen Verhältnisse zu berechnen. Diese Methode funktioniert allerdings nur im Nahbereich – die aus größerer Entfernung betrachtete Welt erscheint, ohne daß uns dies bewußt wird, flach. Merkwürdigerweise haben wir aber doch recht gute Vorstellungen über die Tiefenerstreckung unserer weiteren Umgebung, was, wie erst in den letzten Jahrzehnten durch die Wahrnehmungstheoretiker herausgefunden wurde, auf unbewußt angewandten Seherfahrungen beruht. Als Anhaltspunkte dafür dienen unter anderem die Verkleinerung der Gegenstände bei wachsender Entfernung und die Verzerrungen, die bei schräger Ansicht entstehen.

Auch bei der Visualisierung mathematischer Zusammenhänge lassen sich die Erfahrungen der Perspektive einbringen. Wie an anderer Stelle erwähnt, handelt es sich bei den Tafelbildern dieses Buchs um die Wiedergabe dreidimensionaler Gebilde, der sogenannten Raumflächen. Dazu wurde meist die Methode der Höhenliniendarstellung gewählt, wobei die Höhe z durch eine Farbe gekennzeichnet ist, doch in einigen Fällen wurde auch die perspektivische Darstellungsart eingesetzt. Der Einfachheit halber wurde die sogenannte Parallelperspektive verwendet, was der Sicht durch einen relativ weit entfernten Betrachter entspricht. Der ebenfalls beliebig angenommene Blickwinkel von 45 Grad von oben ergibt eine gute Übersicht.

Ohne Zweifel ist die Einbeziehung der Perspektive in die Praxis der Computergrafik auch ästhetisch nicht uninteressant. Sie bewährt sich insbesondere dort, wo man, unabhängig von mathematischer Zielsetzung, phantastische Architekturen und Landschaften darstellen will. Einige sich auf Computergrafik stützende Künstler haben schon hervorragende Beispiele dafür geliefert – vor allem der Japaner Yoichiro Kawaguchi mit einer Serie von computergenerierten Filmen mit dem Sammeltitel „Ecology: Ocean".

MATHEMATISCHE FELDER

Was man umgangssprachlich unter einem Feld versteht, braucht nicht näher erläutert zu werden. Der mathematische Begriff leitet sich davon ab: Ein Zahlenfeld beispielsweise kennzeichnet einen Bereich, in dem Zahlen verteilt sind.

Wie schon an anderer Stelle erwähnt, lassen sich Zahlenfelder leicht durch Bilder wiedergeben – am besten dadurch, daß man den Zahlen Grauwerte oder Farben zuordnet. Umgekehrt kann man jedes Bild als Zahlenfeld darstellen. Auch dieser Weg ist in der Computergrafik von Bedeutung, und zwar dann, wenn es darum geht, von außen gegebene Bilder einer rechnerischen Behandlung zugänglich zu machen. Dabei kann es sich um eine Analyse handeln, um die Auswertung von Luftbildaufnahmen, oder auch um eine Verbesserung des Bildes – die Verstärkung der Kontraste oder die Eliminierung von unerwünschten Überlagerungen. Ähnliche Verrechnungen kann man natürlich auch zu ganz anderen Zwecken durchführen, und zwar zur künstlerischen Verfremdung. Auf diese Weise wird auch das realistische Bild, die Abbildung von Gegenständen oder Szenerien unserer Welt, für die Computergrafik zugänglich.

Das Beispiel der Bilder weist auf ein Problem, das auch für die mathematischen Felder gilt. Normalerweise stellen wir uns Bilddarstellungen als etwas Zusammenhängendes vor, in Wirklichkeit aber sind sie stets aus getrennten Einheiten, aus Bildpunkten, aufgebaut. Bei Drucken oder bei Fernsehbildern genügt eine Lupe, um das nachzuweisen, bei einem guten Foto ist das „Korn" nur unter dem Mikroskop erkennbar. Bei Gemälden müßte man bis zu molekularen Einheiten zurückgehen, um den Mosaikcharakter aufzudecken – sie kommen also dem kontinuierlichen Eindruck in idealer Weise nahe. Auch das Auge liefert keine zusammenhängenden Bilder: Die über die Netzhaut verteilten Rezeptoren liegen zwar dicht an dicht wie Bienenwaben; das entstehende Bild ist also recht fein, aber dennoch punktweise aufgebaut. Erst im Gehirn entsteht der lückenlose Eindruck.

Auch bei den mathematischen Feldern sind „diskrete" und „kontinuierliche" zu unterscheiden (im Gegensatz zum üblichen Sprachgebrauch verstehen Mathematiker und Physiker unter „diskret" nicht „vertraulich", sondern „getrennt".) Als Beispiel für diskrete Zahlenfelder kann eine bestimmte Art mathematischer Größen, die sogenannten Matrix gelten. Darunter versteht man eine rechteckige, in den meisten Fällen quadratische Anordnung von Zahlen, die symbolisch etwa in folgender Form angegeben wird:

$$\begin{pmatrix} a & b \\ c & d \end{pmatrix}.$$

Für Matrizen gelten Rechenregeln, die von den Grundrechnungsarten abgeleitet sind, aber in einigen Punkten doch stark von ihnen abweichen. Die Addition ist einfach; man braucht diese Operationen lediglich mit Zahlen entsprechender Positionen durchzuführen:

$$\begin{pmatrix} a & b \\ c & d \end{pmatrix} + \begin{pmatrix} e & f \\ g & h \end{pmatrix} = \begin{pmatrix} a+e & b+f \\ c+g & d+h \end{pmatrix}.$$

Etwas komplizierter ist die Multiplikation definiert – auf eine zunächst recht sonderbar anmutende Weise werden dabei nämlich Zeilen mit Kolonnen verrechnet:

$$\begin{pmatrix} a & b \\ c & d \end{pmatrix} \cdot \begin{pmatrix} e & f \\ g & h \end{pmatrix} = \begin{pmatrix} ae+bg & af+bh \\ ce+dg & cf+dh \end{pmatrix}.$$

Der Grund dafür liegt in bestimmten Anwendungen der Matrizen, beispielsweise zur Lösung von Gleichungssystemen. Für diese erweisen sich nämlich rechnerische Umsetzungen als wichtig, die der oben gezeigten Multiplikation entsprechen.

Der Erste, der auf die Idee kam, Matrizen mit computergrafischen Mitteln umzusetzen, war der Pionier der Computerkunst Frieder Nake. Er ordnete den Zahlen Farben zu und führte nun verschiedene Rechenoperationen der Matrizenrechnung aus. Addition und Subtraktion ergeben nichts prinzipiell Neues – sie entsprechen der Überlagerung von Bildern, wie wir sie auch von den Filmüberblendungen her kennen; bei der Addition werden zwei positive Bilder überlagert, bei der Subtraktion ein Positiv und ein Negativ. An eine Multiplikation von Bildern hatte allerdings bisher noch niemand gedacht, und genau das wurde nun durch Anwendung der Matrizenmultiplikation möglich. Also auch hier wieder eine neue Möglichkeit der Visualisierung mathematischer Prozesse, zugleich aber auch die Möglichkeit zu interessanten grafischen Experimenten, bei denen sich immer wieder unerwartete Ordnungen bilden.

Mathematische Felder

Mathematische Felder

Mathematische Felder

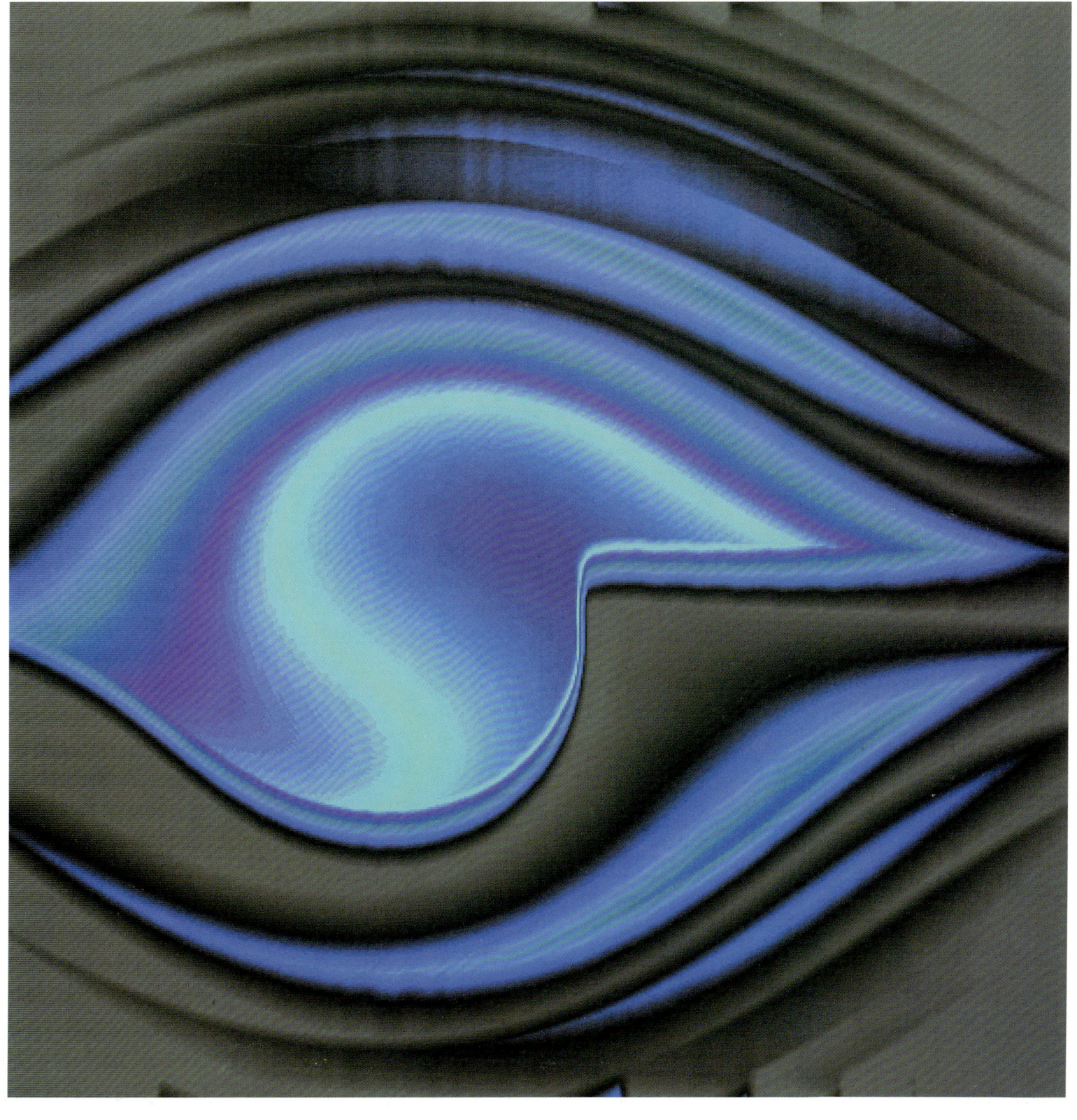

Mathematische Felder

Die im mathematischen Unterricht als Beispiele gebrauchten Matrizen haben meist nur zwei oder drei Zeilen und Kolonnen; ihre grafische Umsetzung führt also zu höchst groben Darstellungen, die man kaum noch als Bilder bezeichnen möchte. Geht es um grafische Experimente, dann wird man „größere" Matrizen einsetzen. Genaugenommen läßt sich jedes auf dem Rasterschirm eines Monitors ausgegebene Bild als Matrix auffassen – und damit, sofern die dazu nötigen Programmroutinen und Rechenkapazitäten verfügbar sind, nach den Regeln der Matrizenrechnung verarbeiten. Genausogut ist es natürlich möglich, sich seine eigenen Rechenregeln zurechtzulegen oder, wie im Kapitel „Kalte Logik" beschrieben, auch verschiedenste logische Verknüpfungen anzuwenden.

Ist das kontinuierliche Feld auch nur als Näherung darstellbar, so hat es doch praktische Bedeutung. Das liegt vor allem in der Anwendung des Feldbegriffs in der Naturwissenschaft; vermutlich verwendeten ihn die Physiker noch früher als die Mathematiker. Gerade in diesem Zusammenhang entstanden mehrere mathematische Arbeitsbereiche, die speziellen physikalischen Problemen angepaßt waren, beispielsweise die Potentialtheorie.

Beispiele für physikalische Felder kennen wir aus dem Alltag. Eines davon ist das Feld der Schwerkraft: Offenbar wirkt sie überall im Raum, in dem wir uns bewegen, mit gleicher Stärke senkrecht nach unten. Physikalische Messungen und Berechnungen haben diesen Eindruck allerdings relativiert. So stellte sich heraus, daß die Schwerkraft in großen Höhen schwächer, in tieferen Bereichen dagegen stärker wird. Es war kein geringerer als Newton, der die Verhältnisse verallgemeinern und quantitativ beschreiben konnte. Schwerefelder gehen von Massen aus, von deren Form und Verteilung die Kräfte in der Umgebung nach Richtung und Stärke abhängen. Bei angenähert punktförmigen oder kugelförmigen Massen ist die Situation besonders einfach: Die Richtung der Schwerkraft ist stets genau in den Mittelpunkt der Massenansammlung gerichtet, und die Stärke der wirkenden Kraft nimmt mit dem Quadrat der Entfernung ab.

Nun gibt es vermutlich in der Natur keine unendlich kleinen Massenpunkte, und somit sind auch jene Massen, die wir als Ursachen von Schwerewirkungen ansehen, von endlichem Ausmaß. Die Vorstellung eines „Massenpunktes" bewährt sich allerdings nicht nur in kleinen Bereichen; wie sich zeigt, kann man selbst Sterne als punktförmige Massen auffassen, wenn es sich um die Ermittlung von Planetenbahnen und dergleichen dreht. Die Bedeutung dieser Fiktion geht aber noch weiter, sie kann als elementarer Sachverhalt verstanden werden, aus dem sich kompliziertere Situationen ableiten lassen. Das Prinzip ist ganz einfach: Hat man es mit einem beliebig gestalteten Körper zu tun, dann setzt man ihn aus Massenpunkten zusammen – wie sich herausstellt, erhält man die im beeinflußten Raum wirkende Kraft durch einfache Summation. Mathematikern und Physikern steht zur Bearbeitung solcher Probleme die Methode der Differential- und Integralrechnung zur Verfügung. Mit ihrer Hilfe gelingt der Übergang von getrennten Einheiten zum Kontinuum. In unserem speziellen Fall bedeutet das die Überführung einzelner Massenpunkte zu einem zusammenhängenden mit Masse behafteten Körper.

Das schon vielfach erwähnte Kraftfeld, das nicht nur für den Fall der Schwerkraft, sondern auch für elektrische und magnetische Erscheinungen anwendbar ist, erweist sich als kein normales Zahlenfeld, denn außer der Stärke der wirkenden Kraft ist auch deren Richtung von Bedeutung. Richtungen lassen sich üblicherweise durch Pfeile angeben, und somit erhält man ein sogenanntes Richtungsfeld, wenn man jedem Punkt des Raumes einen Pfeil zuordnet. Ist auch die unterschiedliche Stärke der entsprechenden Größe, beispielsweise der Kraft, zu berücksichtigen, dann kann man dazu die Länge des Pfeils verwenden. Auf diese Weise wurden Größen in den praktischen Gebrauch eingeführt, die zunächst physikalischer Natur sind und für die mathematische Regeln gelten; man nennt sie Vektoren; das aus ihnen gebildete Feld nennt man 'Vektorfeld'. Da sie nicht nur für Kräfte, sondern für viele andere physikalische Erscheinungen maßgebend sind, haben sie in Physik und Technik große Bedeutung gewonnen.

Mathematische Felder

Feldfunktionen mit wechselnden Bezugspunkten

Mathematische Felder

Auch bei den Vektoren ist es einfach, die Addition und Subtraktion festzulegen. Um zwei Vektoren zu addieren, legt man den Anfangspunkt des zweiten an die Spitze des ersten. Als Ergebnis der Addition gilt dann jener Vektor, der entsteht, wenn man den Anfangspunkt des ersten mit der Spitze des zweiten verbindet.

Bei der Subtraktion geht man in gleicher Weise vor, nur mit dem Unterschied, daß der subtrahierte Vektor in seiner Richtung umgekehrt wird. Auch die Multiplikation ist möglich, dafür haben sich sogar zwei verschiedene Arten eingebürgert, wofür bestimmte physikalische Erscheinungen im Bereich der Kraftwirkungen maßgebend waren.

Schon der äußere Eindruck eines Vektorfelds legt den Übergang zu einer anderen Art der Darstellung nahe; man braucht dazu nur die durch die Vektoren gewiesene Richtung durch zusammenhängende Linien zu verbinden, die als 'Feldlinien' bekannt sind.

Auf diese Weise geht allerdings die Information über die Stärke der Kräfte verloren.

Die damit zusammenhängenden mathematischen Fragen lassen sich relativ einfach lösen, doch im Hinblick auf die dahintersteckenden physikalischen Verhältnisse ergeben sich schwerwiegende Konsequenzen. Was bedeutet die Existenz eines Kraftfeldes in der Umgebung eines Massenpunkts, einer elektrischen Ladung oder auch eines magnetischen Pols? Offenbar ist für sie alle charakteristisch, daß sie Wirkungen in die Ferne ausüben. Wenn man das Kraftfeld auch nicht sehen kann, so läßt sich seine Existenz doch nachweisen, und zwar normalerweise dadurch, daß man ein anderes Masseteilchen, eine elektrische Ladung oder einen Magneten in den kräfteerfüllten Raum einbringt. Genaugenommen reicht das Kraftfeld unendlich weit in die Umgebung hinein; nach dem Entfernungsgesetz werden die Kräfte zwar um so kleiner, je weiter man sich vom Ursprung entfernt, doch praktisch kommen sie nie völlig zum Verschwinden.

Das läßt sich nun auf verschiedene Art deuten. Man könnte das Feld als ein Anhängsel der Ladung ansehen (wobei unter Ladung jetzt sowohl ein Massenpunkt, eine elektrische Ladung oder ein magnetischer Pol verstanden werden soll). Wenn man die Ladung bewegt, dann bewegt sich das Feld mit, bringt man eine Ladung zum Pulsieren, dann pulsiert auch das Feld – jene Radiowellen, die von Sendeantennen ausgehen und die wir mit Empfangsantennen einfangen, sind nichts anderes als bewegte elektrische Felder. Bei der Schwerkraft vermutet man ähnliches, wenn auch der endgültige Beweis dafür noch aussteht. Zu ergänzen ist, daß sich die Veränderung des Feldes mit Lichtgeschwindigkeit ausbreitet.

Für diese Auffassung sprechen auch einige Erkenntnisse aus mathematischen Untersuchungen. Es hat sich nämlich herausgestellt, daß sich die Situation in einem kräfteerfüllten Raum noch auf eine andere, etwas einfachere Weise beschreiben läßt, und zwar durch das sogenannte Potential. Mathematisch gesehen wird es als Zahlenfeld beschrieben, und zwar – und darin liegt die Vereinfachung – als reines Zahlenfeld ohne Angabe von Richtungen. Wichtig ist nun, daß sich aus dem Potential die Kraftverhältnisse stets durch eine einfache Rechnung ermitteln lassen. Dazu steht ein spezieller, aus der Vektorrechnung stammender Prozeß zur Verfügung, die sogenannte Gradientenbildung – für die man die Metho-

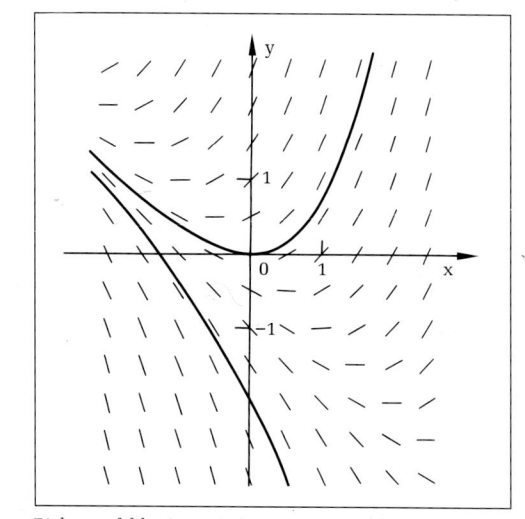

Richtungsfeld mit zwei eingetragenen Feldlinien

Mathematische Felder

de der Differentialrechnung einsetzen muß, die sich aber auch anschaulich beschreiben läßt. Die Vorschrift dafür lautet: Ist ein Potentialfeld gegeben, dann ist die Richtung der Kraft stets senkrecht zu den Potentiallinien orientiert, während ihre Stärke durch deren Abstand gegeben ist. Die Situation läßt sich noch weiter verdeutlichen, wenn man sich das Potential als ein Gebirge aufgebaut vorstellt. Der Gradient gibt dann stets die Richtung des steilsten Abfalls wieder, und sein Betrag ist der „Steilheit", also dem Neigungswinkel gegenüber der Horizontalen, gleich. Stellt man sich eine Landschaft im Regen vor, dann eignen sich auch die Strömungsverhältnisse des abfließenden Wassers für eine Veranschaulichung: Das Wasser fließt am steilsten Weg abwärts; die Geschwindigkeit des Abfließens hängt davon ab, wie steil dieser Weg ist, ist also der „Steilheit" proportional.

Das auf diese Weise eingeführte Potential hat allerdings nicht nur mathematische Bedeutung, sondern läßt sich physikalisch interpretieren. Befindet man sich in der Nähe des Zentrums einer anziehenden Kraft, dann kostet es Energie, ein von dieser Kraft erfaßtes Objekt in größere Entfernung zu bringen. Dieses Erlebnis ist uns allen bekannt: Es macht uns Mühe, einen Gegenstand hochzuheben oder die Treppen hinaufzutragen.

Nach dem Fundamentalsatz der Physik, nach dem Energie weder gewonnen noch verloren werden kann, erhebt sich nun die Frage, wie sich das speziell auf den Fall von Potential- oder Kraftfeldern auswirkt. Die Antwort ergibt sich fast von selbst: Jeder weiß, daß ein emporgehobener Gegenstand auch wieder herunterfallen kann; dabei wird er beschleunigt, beim Auftreffen kann er sich in den Boden eindrücken oder auch irgendeinen Schaden verursachen – offensichtliche Beweise freigewordener Energie. Durch die Bewegung von Körpern durch die Schwerkraft läßt sich Energie also speichern, eine Tatsache, die man in Pumpkraftwerken praktisch ausnutzt. Die Fachleute sprechen von „Energie der Lage" oder von „Potentialenergie".

Gerade das Potential allerdings legt auch eine andere Auffassung vom Ursprung eines Kraftfelds, von der Ladung, nahe. Die Ladungen sind ja jene Punkte, von denen die Kraftlinien ausgehen, zu deren Eigenschaften es gehört, daß sie sich an keiner anderen Stelle berühren oder kreuzen. Diese Eigenschaft bezeichnet man in der Mathematik als „stetig", jene Stellen dagegen, in denen die Stetigkeit unterbrochen ist, als „singulär". Ladungen erweisen sich somit als singuläre Stellen des Kraftfelds. Und daraus ergibt sich auch schon, daß eine der bisher benutzten Interpretation von Ladungen genau entgegenstehende Meinung ebenso stichhaltig ist: Dabei wird das Feld als die primäre physikalische Größe aufgefaßt, die Ladung dagegen lediglich als eine Art Störung im felderfüllten Raum. Unnütz zu sagen, daß eine allgemeingültige Entscheidung zwischen beiden Meinungen nicht möglich ist; der Mensch kann die Erscheinungen der Natur zwar beschreiben, doch er kann sie nicht erklären. Die Hinwendung zur einen oder anderen Ansicht läßt sich nur dadurch begründen, daß sie vielleicht eine bessere Übersicht oder einen klareren Zusammenhang mit anderen Bereichen der Physik nahelegt.

Der geschilderte Typ von Kräften, die mit dem Quadrat der Entfernung von der Quelle abnehmen, ist eine Entdeckung der klassischen Physik; es sind vor allem jene Kräfte, mit denen wir es im täglichen Leben zu tun haben, die sich nach dieser Regel verhalten. Physiker und Philosophen waren längere Zeit der Meinung, daß es andere Gesetze für Kräfte und Potentiale gar nicht geben könne, und zwar aus geometrischen Gründen. Stellt man sich den Ursprung eines Kraftfelds als einen Punkt vor, von dem nach allen Seiten sternförmig Kraftlinien ausgehen, dann wird man feststellen, daß deren Abstand genau mit dem Quadrat des Abstands abnimmt. Wollte man eine andere Situation annehmen, dann müßte es sich um Kraftlinien handeln, die an beliebigen Stellen des Feldes beginnen oder auch aufhören. Die moderne physikalische Forschung hat allerdings gezeigt, daß auch solche Kräfte in der Natur vorkommen; man findet sie vor allem in der Mikrowelt, im Atomkern oder in der Umgebung von Elementarteilchen. Nichtsdestoweniger haben solche „nichtklassischen" Kräfte zum Verständnis unserer Welt ganz wesentlich beigetragen.

Wer sich mit Kraft- und Potentialfeldern, insbesondere aber mit ihrer grafischen Darstellung beschäftigt, wird vom ästhetischen Reiz beeindruckt sein, der sich in den Darstellungen zeigt. Es hat den Anschein –

Mathematische Felder

Matrizenmultiplikation

und offenbar sind es physikalische Gesetze, die dafür sorgen –, daß jede Kraftlinie jede andere beeinflußt, daß sie den vorhandenen Platz so unter sich aufteilen, daß es zu möglichst wenig Verdichtungen oder Stauungen kommt. Trotzdem sind sie höchst variabel. Die dabei auftretenden Formen sind nicht nur von den Quellen des Feldes, sondern auch von seiner Umrandung abhängig; in der Praxis kann es sich dabei um ein geerdetes Metallgehäuse handeln. Durch Wahl der Form, der Physiker spricht von „Randbedingungen", lassen sich Felder in allen möglichen Richtungen biegen und stauchen, wobei ihr Ebenmaß trotzdem erhalten bleibt.

Aus diesen Gründen sind Kraft- oder Potentialfelder auch für jene interessant, die damit keine physikalischen Probleme lösen wollen, sondern eher auf grafische Wirkungen abzielen. Mathematisch lassen sie sich recht einfach aufbauen, und zwar mit Hilfe von sogenannten Entfernungsfunktionen: Als maßgebende Größe tritt der Ausdruck $x^2 + y^2$ in verschiedenen Abwandlungen auf, als im Nenner stehende Wurzel beispielsweise, wenn es sich um Potentialfelder dreht. Man legt dabei die Quellen willkürlich fest und rechnet dann die Entfernungsfunktion für jeden Punkt einzeln aus. In den auf diese Weise zustandekommenden grafischen Darstellungen fallen die Ladungen als singuläre Punkte sofort ins Auge. Indem man sie auf bestimmte Positionen setzt, hat man es in der Hand, die Form des Feldes weitgehend vorauszubestimmen.

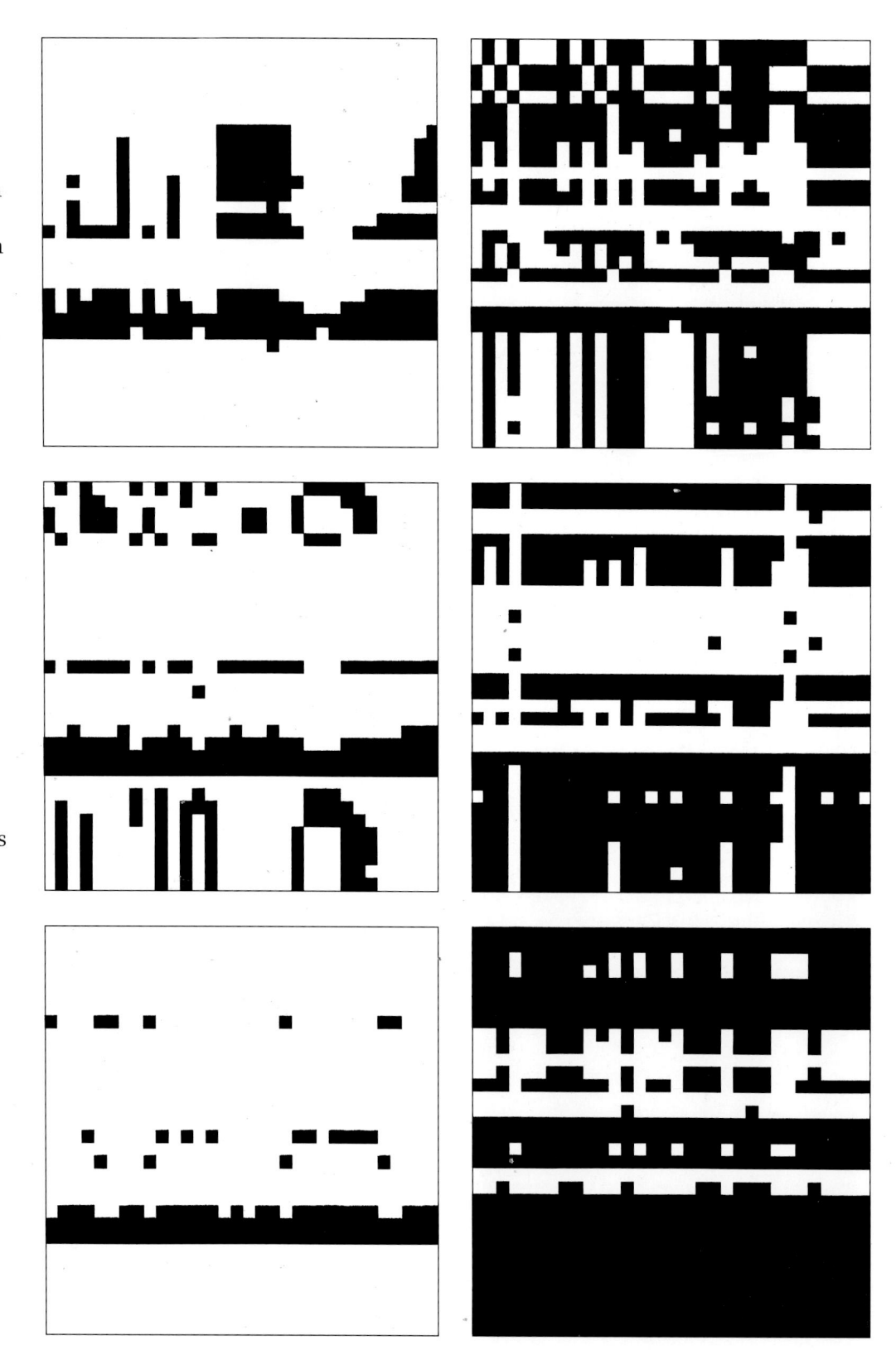

Mathematische Felder

Unter den Bildbeispielen sind auch solche, die sich nicht mehr nach dem physikalischen Vorbild richten, sondern willkürlich erweiterten Entfernungsfunktionen entsprechen. Zieht man eine Sinusfunktion heran, dann läßt sich der singuläre Punkt durch singuläre Linien ergänzen, wodurch sich das Bild wieder in einer vorausbestimmbaren Weise aufgliedert. Die durch Erweiterung dieses Prinzips erreichbaren Formen sind kaum auszuschöpfen.

Die zur Beschreibung der Felder eingesetzten Potentialfunktionen beziehen sich auf kontinuierliche Erscheinungen, und, wie die Praxis zeigt, wird diese Art der Beschreibung auch der Wirklichkeit gerecht. Damit entsteht allerdings ein gewisser Widerspruch zu der Erkenntnis der modernen Physik, für die das Auftreten von kleinsten Einheiten, eine Quantisierung der Welt, charakteristisch ist. Das scheint für die Elementarteilchen schon fast selbstverständlich zu sein (die Auseinandersetzungen über die Existenz der Atome sind längst historisch geworden), es gilt aber auch für andere Größen, für Licht, für Energie und so fort.

Wenn die kontinuierliche Beschreibung nach dem Vorbild der Feldtheorie auch richtige Ergebnisse erbringt, so muß sie deshalb noch lange nicht richtig sein. Wie sich in anderen Bereichen gezeigt hat, braucht man die Zerlegung in Quanten sowieso nur in kleinsten Bereichen zu berücksichtigen, um ausreichend genaue Beschreibungen zu erhalten; vielleicht gilt das auch für die Quantisierung von Feldern? Allem Anschein nach ist die Physik im Hinblick auf Probleme dieser Art noch längst nicht abgeschlossen, und manche Physiker halten es für möglich, daß sich später einmal Größen, die sich bisher der Quantisierung entzogen haben, beispielsweise Raum und Zeit, doch noch auf kleinste Einheiten zurückführen lassen.

Ein höchst bemerkenswerter Diskussionsbeitrag zu diesem Thema stammt von Konrad Zuse, dem deutschen Erfinder des Computers, dem es lediglich durch die besonderen Umstände der Nachkriegszeit nicht vergönnt war, seine Ideen in großem Stil zu verwirklichen. Er mußte es mit ansehen, wie sich die Datenverarbeitung von amerikanischen Keimzellen aus entwickelte und verbreitete, als den Deutschen die Entwicklung von Computern noch verboten war.

Trotzdem hat Konrad Zuse auch noch weiterhin seinen Ideenreichtum unter Beweis gestellt; unter anderem ist er auch der Erfinder eines der ersten mechanischen Zeichenautomaten. Dieses Gerät mit dem Namen GRAPHOMAT benutzte übrigens Frieder Nake für seine Matrizenmultiplikationen. Zur Überraschung der Fachwelt trat Konrad Zuse schließlich auch noch mit einer höchst originellen theoretischen Idee hervor, und zwar jener des „Digitalteilchens", des „rechnenden Raums".

Seine Überlegungen liegen ganz auf der Linie von jenen, die von einer stetig zunehmenden Mathematisierung der Vorstellungen unserer Welt sprechen. Schon die These, unser Raum wäre mit bis ins Unendliche reichenden Feldern erfüllt, deren singuläre Punkte die Funktion von Massen, Ladungen usw. erfüllen, entfernt sich weit aus dem Bereich unserer üblichen Vorstellungen. Je weiter man in die Zusammenhänge der Mikrowelt eindringt (und dort liegt schließlich der Schlüssel für die Physik), um so mehr scheint sich das Geschehen in Mathematik aufzulösen. Die Elementarteilchen, die sogenannten Quarks, die man anfangs eher als Hirngespinste abzutun versuchte, werden heute als real anerkannt, obwohl man annehmen darf, daß man sie niemals freisetzen kann. Von diesen Teilchen kennt man lediglich mathematische Regeln, und selbst diese weisen einen hohen Grad von Abstraktheit auf – man kann sie als komplizierte Symmetriebeziehungen ansehen. Daher ist die Frage gar nicht so verwegen: Vielleicht bleibt bei weiterer Durchdringung der Verhältnisse schließlich nur noch die Mathematik über: ein kompliziertes, nur formal erfaßbares Ordnungsprinzip, das sich jeder direkten Anschauung entzieht?

Mathematische Felder

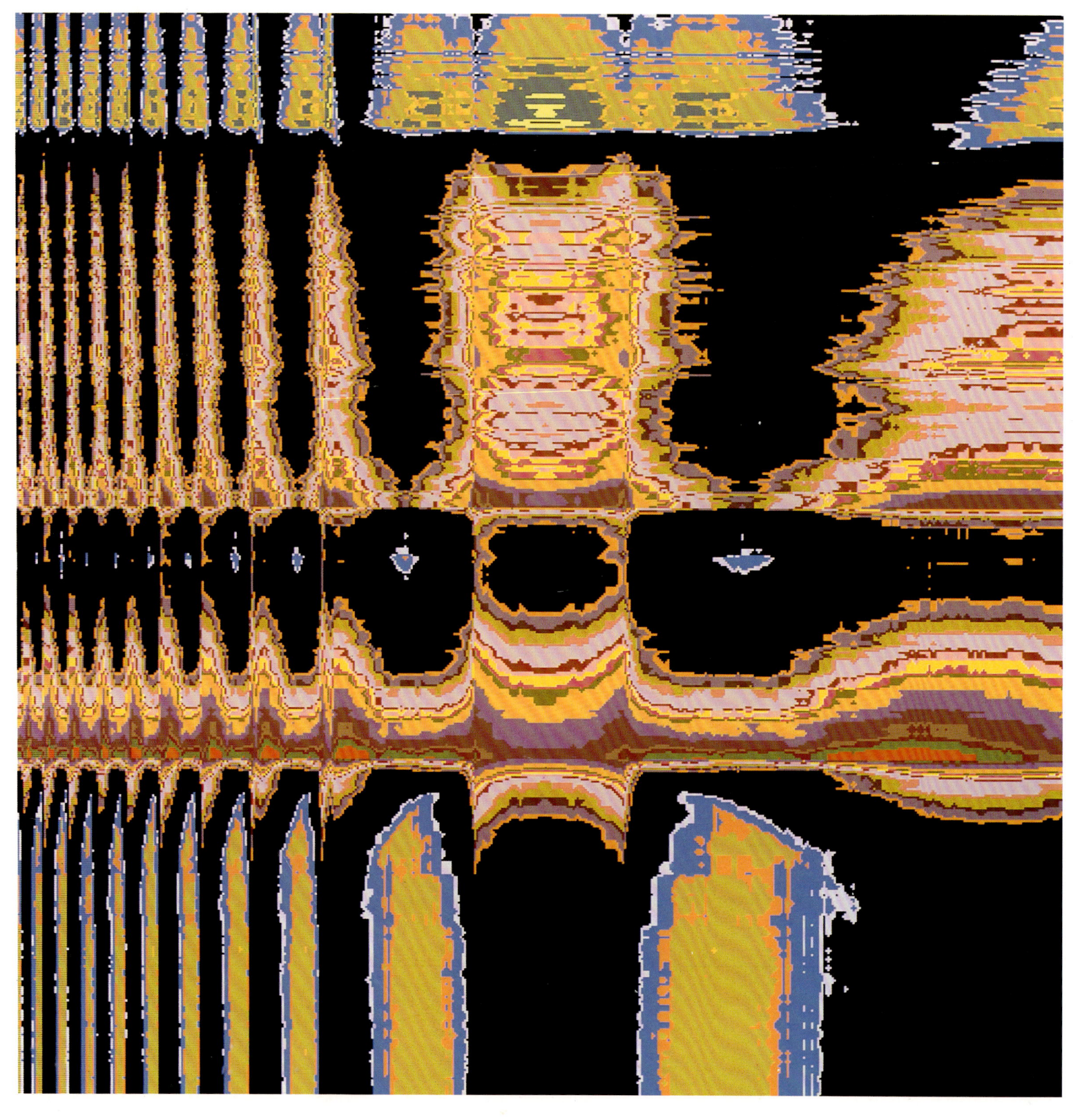

Mathematische Felder

Mathematische Felder

Mit der Informatik, wie man die Computerwissenschaft bezeichnet, wurde auch ein verwandtes Gebiet, die sogenannte Kybernetik, populär – vom genialen Mathematiker Norbert Wiener um das Jahr 1950 entwickelt. In dieser Wissenschaft gewann der Begriff des Modells eine grundlegende Bedeutung – wobei ein Modell im allgemeinsten Sinn des Wortes als ein logisches Beziehungsgefüge gilt, mit dem sich eine beliebige andere Erscheinung nachbilden läßt. Der Begriff des „Nachbildens" ist dabei sehr allgemein zu nehmen: Es kommt lediglich darauf an, daß das Modell von seinen logischen Zuständen her mit jenen des als Vorbild geltenden Objekts übereinstimmt.

Modelle dieser Art müssen also äußerlich keinerlei Entsprechung mit dem Gegenstand haben, den sie erfassen sollen. Sie müssen auch nicht materiell realisierbar sein, selbst ein Satz von Formeln kann den Zweck eines Modells erfüllen. Eine solche Denkweise steht natürlich der Philosophie des Positivismus nahe, dessen Anhänger der Überzeugung sind, daß man den eigentlichen Kern der Dinge sowieso nicht erfassen kann, sondern lediglich die Beziehungen, die zwischen ihnen bestehen. Wenn das so ist, wenn man also nicht nach Erklärungen sucht, sondern lediglich Beziehungen aufdecken will, dann ist jedes Modell, das seine Funktion als logisches Abbild erfüllt, brauchbar und aufschlußreich.

Konrad Zuse sieht sich selbst als Repräsentant der Automatentheorie, mit der man nicht nur praktisch im Einsatz stehende Systeme erfaßt, sondern in sehr verallgemeinerter Form die Frage stellt, was ein Automat eigentlich ist und wie er funktioniert. Aus dieser Sicht heraus sind nicht nur Computer Automaten, sondern auch Lebewesen und, speziell, das menschliche Gehirn.

Dabei ist allerdings zu beachten, daß lebende Wesen nicht den derzeit in Gebrauch stehenden Automaten entsprechen, sondern einem neuen, „nichtklassischen" Typ angehören. Konrad Zuse hat sich nun die Frage gestellt, ob sich das Geschehen der Physik nicht durch automatentheoretische Betrachtungen erfassen ließe. Nahegelegt wird diese Auffassung durch die Tatsache, daß sich physikalische Wirkungen in logisch beschreibbarer Weise von einem Ort des Raums zum andern fortpflanzen. Man könnte diesen „rechnenden Raum" also aus Automaten zusammengesetzt denken, die nach bestimmten, aus den physikalischen Gesetzen abgeleiteten Regeln jede bekannte Art von Umsetzung veranlassen. Diese Teilchen nannte Zuse „Digitalteilchen".

Konrad Zuse hat an einzelnen Beispielen gezeigt, wie die Regeln aussehen müßten, die bestimmte physikalische Wirkungen hervorrufen; es ließ sich beweisen, daß sich dabei kein Widerspruch mit der Wirklichkeit ergeben muß. Als besondere Konsequenz seiner These ist zu vermerken, daß auf diese Weise die Kontinuität aus unserer Welt verschwinden würde. Das würde unter anderem bedeuten, daß auch alle Felder in einer bisher nicht vermuteten Weise quantisiert wären – und daß anstatt der „kontinuierlichen Mathematik" der Differential- und Integralrechnung eine andere, auf Differenzengleichungen beruhende Rechenweise treten müßte.

Es sind höchst aufregende Aspekte, die sich damit andeuten, obwohl wir nicht erwarten dürfen, daß die damit zusammenhängenden Fragen in absehbarer Zeit gelöst werden.

Gleichgültig aber, ob sich das von Zuse zur Diskussion gestellte Modell als wahr erweist oder nicht, so kann man heute schon sagen, daß sich daraus ein neues Prinzip der Erzeugung von Bildern ableiten läßt. Andeutungen dafür ergeben sich u. a. im „Game of Life", mit dem organische Wachstumsprozesse – auf einfachste Prinzipien reduziert – nachvollzogen werden.

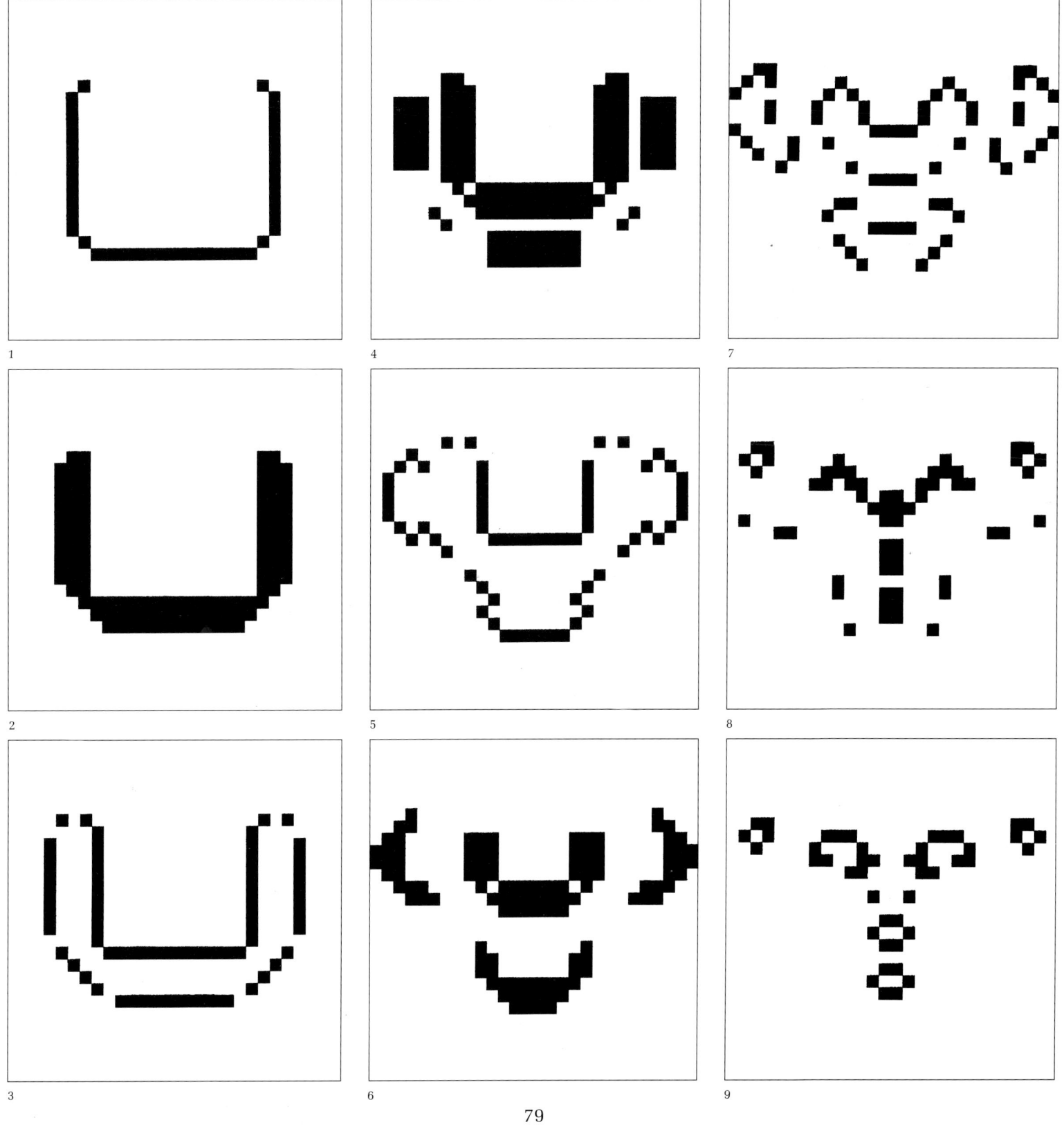

„Game of Life" – zellulare Automaten
Gesetzmäßig vorgegebene Generationen-Entwicklung

79

KALTE LOGIK

Niemand wird leugnen, daß logisches Denken Voraussetzung für jeden ist, der Mathematik betreibt. Logik hat aber auch in anderen Bereichen Bedeutung, vor allem in der Sprache. Merkwürdigerweise ist es schwierig, Logik zu definieren – viel schwieriger, als Logik anzuwenden. Schon kleine Kinder, die gerade erst notdürftig zu sprechen gelernt haben, wenden logische Zusammenhänge richtig an: „Wenn Tante Emma kommt, darf ich bis neun Uhr aufbleiben". Der logische Zusammenhang steckt in den Worten „wenn ... dann". Unsere Sprache enthält noch viele weitere Beispiele für logische Aussagen, „nicht ... sondern" und „sowohl ... als auch".

Wenn man sich die Frage stellt, warum es so schwer ist, einen Begriff wie Logik zu definieren, obwohl man seine Anwendung einwandfrei beherrscht, so gerät man unversehens in die schwierigste Problematik der Philosophie. Es war der Wiener Philosoph und Mathematiker Kurt Gödel, der dieser Frage nachgegangen ist und festgestellt hat, daß es sich um ein prinzipielles Phänomen handelt. So kann man auch die Mathematik nicht mit Hilfe mathematischer Sätze erklären, und ebenso wenig nützen logische Aussagen, wenn es um die Frage geht, was Logik eigentlich ist. Für den praktischen Gebrauch allerdings bedarf es der philosophischen Beweisführung gar nicht – eine Erfahrung, die auch in anderen Bereichen gilt. Auch ohne diese theoretische Durchdringung läßt sich Logik präzise und zielsicher anwenden, wenn man ihre Gesetze beachtet.

In der Tat hat sich unsere Sprache in der praktischen Anwendung herausgebildet: zur Beschreibung aller Zustände und Vorgänge, die im täglichen Leben wichtig sind. So weist sie allen häufig vorkommenden Dingen Symbole, die Worte, zu und erlaubt es, jene Eigenschaften anzugeben, die im aktuellen Fall bedeutsam sind.

Viele immer wieder auftretende Zusammenhänge beziehen sich auf Raum und Zeit, und somit findet man in der Sprache Wörter, die solche Angaben erlauben, „hier", „dort", „gleichzeitig", „früher" und „später". Sicher hat man solche Wörter jahrtausendelang unbekümmert angewandt, ehe sich die Philosophen für Wahrheit, Allgemeingültigkeit und ähnliche Prädikate solcher Aussagen zu interessieren begannen. Das wieder machte es nötig, die Aussagen in bestimmte Klassen einzuteilen und nach den speziellen, für sie gültigen Regeln zu fragen. Auf diese Weise kam man zum Begriff der Zahl und vermochte – von einer höheren Warte aus – anzugeben, wodurch Zahlen eigentlich ausgezeichnet sind. Was jeder Volksschüler für selbstverständlich hält, erscheint auf einmal überraschend schwierig: die Einführung der natürlichen Zahlen 1, 2, 3 . . . Als eine grundlegende Eigenschaft erwies sich der Reihencharakter, der es erlaubt, Angaben wie „früher", „später" und „sofort" überhaupt anzuwenden; erst jetzt wird klar, daß jeder, der die Ausdrücke verwendet, unbewußt auf eine solche Reihe zurückgreift – die in diesem Fall mit der Zeit zusammenhängt. Auf ähnliche Weise kann man auch die Geometrie untersuchen, wobei Schnittpunkte zweier sich kreuzender Geraden oder die Winkelsumme in einem Dreieck eine Rolle spielen. Auch hier wieder scheint es sich um höchst einfache Dinge zu handeln, die jeder von uns „von selbst" versteht. Es gehört zu den Ergebnissen der Erkenntnistheorie, daß es so etwas wie „von selbst" gar nicht gibt. In den meisten Fällen greifen wir auf mehr oder weniger unbewußt gemachte Erfahrungen zurück, und ein Teil von dem, was uns selbstverständlich erscheint, mag auch zu ererbten Anschauungs- und Denkformen gehören und somit letzten Endes auf Erfahrungen beruhen.

Arithmetik und Geometrie, so wie sie der Anfänger lernt, erweisen sich als Spezialfälle allgemeinerer Systeme von Zusammenhängen zwischen Zahlen oder geometrischen Größen. Sowohl die Sprache wie auch die klassische Mathematik dienten zunächst der Beschreibung jener Welt, die wir sehen, hören und greifen können, und deshalb ergibt sich dabei ein unmittelbarer Bezug zur Wirklichkeit. Die Dinge, mit denen wir es zu tun haben, lassen sich nämlich meistens durch ganze oder auch gebrochene Zahlen beschreiben, und in unserem Lebensraum gilt eine Geometrie, in der sich zwei Geraden in einer Ebene höchstens einmal schneiden und die Winkelsumme des Dreiecks 180 Grad ist.

Doch schon die Entdeckung, daß die Erdoberfläche nicht eben, sondern gekrümmt ist, läßt gewisse Zweifel an der Richtigkeit solcher Aussagen auftreten, und seit Albert Einstein hat sich – im Zusammenhang mit bestimmten physikalischen Problemen – die Notwendigkeit ergeben, einen in sich gekrümmten Raum anzunehmen, dessen Geometrie sich der Anschauung entzieht.

Aus diesen Erkenntnissen heraus wurden mathematische Disziplinen so verallgemeinert, daß sie nicht nur für die in unserer wirklichen Welt bestehenden Verhältnisse gelten, sondern auch solche in sich schließen, die nirgends verwirklicht sind. Es hat sich allerdings schon manchmal herausgestellt, daß es selbst für die verwegensten Phantasien der Mathematiker schließlich doch irgendwelche Anwendungsmöglichkeiten gab – in der Mikrowelt oder in den Weiten des Kosmos. Damit wird auch die Frage berührt, ob nun Arithmetik und Geometrie eigentlich Erfahrungswissenschaften sind oder nicht. Beschränkt man sich auf jene Spezialfälle, die im Einklang mit praktischen Erfahrungen stehen, dann ist es durchaus möglich, etwa die Regeln der Addition und der Multiplikation durch Abzählen von Gegenständen herausfinden und die Winkelsumme von Dreiecken auszumessen. Der Weg der Mathematik ging aber in eine andere Richtung: Man bemühte sich, einen Grundstock von unabhängig gültigen Regeln – sogenannten Axiomen – zu formulieren und daraus Sätze abzuleiten.

Als sich die Gelehrten der Antike mit Logik beschäftigen, geschah das aufgrund der Umgangssprache, und somit ist es verständlich, daß sie zunächst zu Erkenntnissen kamen, die in unserer Welt und in unserem Leben anwendbar sind. Im klassischen Griechenland wurden logische Probleme im Zusammenhang mit Dialektik und Rhetorik behandelt, also nicht unbedingt im Hinblick auf Erkenntnisgewinn, sondern zum Zweck politischer Reden und spitzfindiger Diskussionen. Erst Aristoteles beschäftigte sich mit den Regeln des logischen Schließens, worüber er in seinem Sammelwerk „Organon" schrieb. Zu den Problemen, mit denen man sich damals beschäftigte, gehörte die Unvereinbarkeit folgender Aussagen: „Alle Kreter lügen" und „Ich bin ein Kreter". Ein anderes, damals aktuelles Problem, war die Umkehrung eines Schlusses: Folgt aus den Aussagen „Menschen sind Lebewesen" und „Pferde sind Lebewesen" der Schluß „Menschen sind Pferde"?

Später beschäftigte sich Gottfried Wilhelm Leibniz (1646–1717) mit logischen Fragen. Die Grundsteine der heutigen formalisierten Logik wurden im 19. Jahrhundert gelegt, und zwar durch die Arbeiten von A. de Morgan (1806–1871) und George Boole (1815–1864).

Soll die Logik zu einer wissenschaftlichen Disziplin werden, dann kommt es darauf an, die logischen Aussagen unabhängig von ihren Inhalten zu formulieren, ebenso wie es mit Hilfe der Algebra gelingt, mathematische Beziehungen unabhängig von bestimmten Größen auszudrücken. Der Name Algebra für ein auf allgemeingültigen Symbolen beruhendes System wurde auch auf die Logik übertragen. So könnte man eine Logik der Klassen und eine Logik der Aussagen herleiten, die sich übrigens beide in ein noch genereller formuliertes System der sogenannten Booleschen Algebra einbeziehen lassen. Durch eine Erweiterung dieses Systems kommt man zur elementaren Mathematik mit ihren Grundrechenoperationen wie Addition und Multiplikation.

Bei der formalisierten Logik, soweit sie aus der Umgangssprache und damit der Wirklichkeit abgeleitet ist, kommt man mit zwei Variablen aus. Es liegt also ein Dualsystem vor, wie es auch in der Mathematik bekannt ist: jenes der Computertechnik, das auf den Zahlen 0 und 1 beruht. So unterscheidet man bei der Logik der Aussagen die Werte 'wahr' und 'falsch'.

Kalte Logik

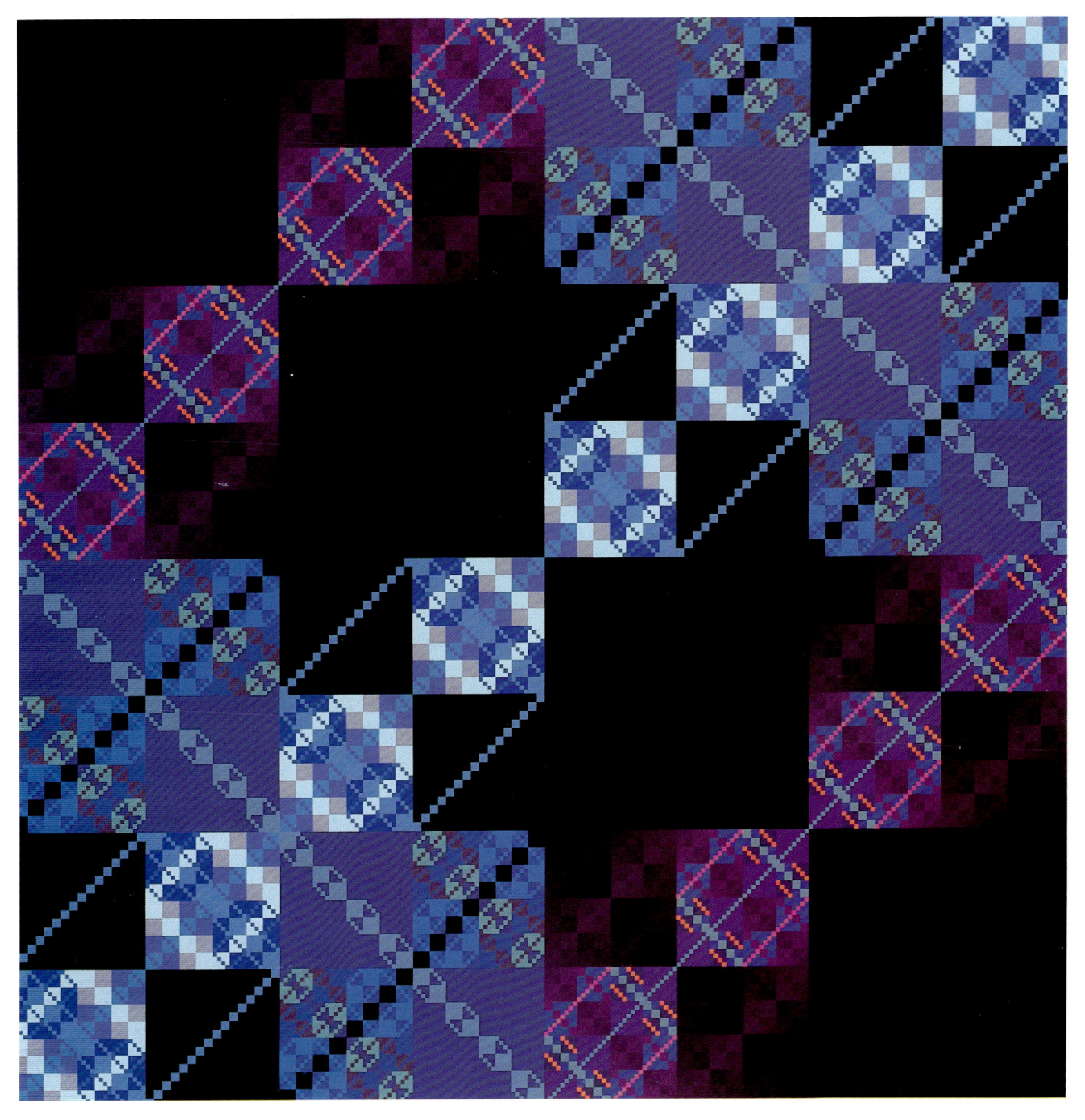

Kalte Logik

Kalte Logik

Dazu kommen noch bestimmte Arten der Verknüpfungen, beispielsweise UND und ODER, die sich auf das Eintreffen von zwei Ereignissen beziehen, sowie die Operation NICHT, durch die das Eintreffen eines Ereignisses durch das Nichteintreffen ersetzt wird. (Dieses Beispiel zeigt übrigens recht gut, wie schwierig es ist, Dinge zu erklären, die im Gebrauch selbstverständlich erscheinen). Es gibt noch weitere logische Verknüpfungen, doch stellt sich heraus, daß man sie alle auf die genannten drei, auf etwas umständlichere Art sogar auf zwei elementare Operationen zurückführen kann.

Was sich in der verbalen Beschreibung etwas kompliziert anhört, läßt sich schematisch recht übersichtlich angeben, und zwar mit Hilfe der sogenannten Wahrheitstabellen. Dabei führt man die formalisierte Schreibweise noch ein Stück weiter, und zwar dadurch, daß man der Aussage 'falsch' eine 0 und der Aussage 'wahr' eine 1 zuordnet. Für den Zusammenhang UND ergibt sich folgende Wahrheitstafel

UND	0	1
0	0	0
1	0	1

Am besten läßt sich diese 'leere Aussageform' durchschauen, wenn man einen Sinn zuordnet, beispielsweise: „Wenn es schön ist und du mir dein Auto leihst, fahre ich in die Berge."

In entsprechender Weise kann man auch die Aussageform ODER darstellen:

ODER	0	1
0	0	1
1	1	1

Dazu wieder ein dem täglichen Leben entnommener Satz, der diesem Schema folgt: „Wenn es heute Nachmittag regnet oder wenn mich meine Freundin besucht, bleibe ich zu Hause."

Aussagen dieser Art lassen sich auch mit der Aussageform NICHT verbinden, die man mit folgender Wahrheitstafel beschreiben kann:

NICHT	0	1
	1	0

Der erste, der logische Zusammenhänge als mathematisches System formuliert hat, war der schon erwähnte britische Logiker George Boole. Dementsprechend heißt sein System auch Boolesche Algebra. Gegenüber der Aussagenlogik, mit der wir uns kurz befaßt haben, vollzieht sie einen weiteren Schritt zur Abstraktion: Worauf sich die von Boole aufgestellten Grundregeln, die Axiome, beziehen, bleibt völlig offen – sie sind lediglich als formale Beziehungen von Elementen formuliert. Aus den Grundregeln lassen sich beliebig viele kompliziertere logische Beziehungen ableiten, was im Prinzip recht einfach ist, wenn man dem vorgegebenen Schema folgt. Wie schon der Name Algebra andeutet, hat es große Ähnlichkeit mit der Art und Weise, wie man in der Algebra mit mathematischen Symbolen arbeitet. Insbesondere benützt man zur Darstellung der Elemente Buchstaben und zur Darstellung der zwischen ihnen bestehenden Beziehungen Zeichen, die der Mathematik entnommen sind, vor allem die Zeichen für Addition und Multiplikation. Sie bedeuten zwar nicht genau dasselbe wie in der Arithmetik, doch deuten sie auf Verwandtschaftsbeziehungen zwischen mathematischen und logischen Regeln hin.

Damit stellt sich die Logik der Aussagen als Anwendung der Booleschen Algebra heraus, und dasselbe gilt für viele anderer logische und mathematische Systeme. Ein bekanntes Beispiel dafür ist die Mengenlehre, mit der vor einiger Zeit der Mathematikunterricht auf eine völlig andere und, wie man glaubte, bessere Basis gestellt werden sollte. Damit wurde anstelle der Zahl die Menge als Element eines mathematischen Systems eingeführt. Beziehungen zwischen Mengen lassen sich gut veranschaulichen, durch farbige Bauklötzchen oder andere Gegenstände. Auch die elementaren Operationen, die Bildung von Teil- oder Vereinigungsmengen, kann man auf diese Weise nachvollziehen. In einer etwas abstrakteren Form lassen sich diese Umsetzungen auch mit Bildern veranschaulichen, den sogenannten Vennschen Diagrammen. Und selbstverständlich ist es auch möglich, dieselben Beziehungen durch eine Formelsprache auszudrücken. Worauf es in diesem Zusammenhang ankommt, ist die Tatsache, daß auch die Mengenlehre der Booleschen Logik folgt.

Kalte Logik

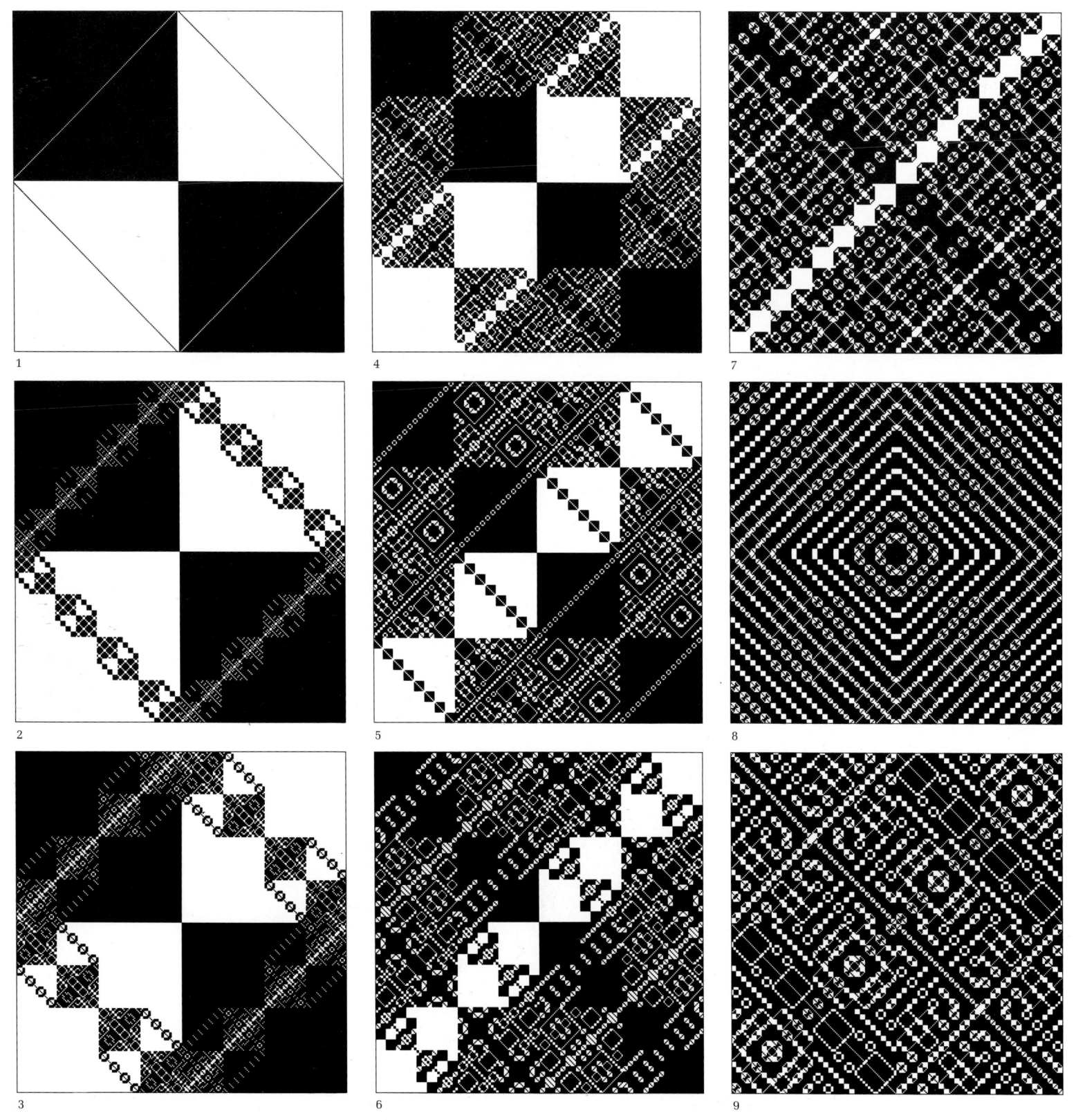

Zwei senkrecht aufeinanderstehende Graukeile
mit logischem ODER verrechnet

Zwei senkrecht aufeinanderstehende Graukeile
mit logischem ODER verrechnet

XOR-Verrechnung mit Flügelkeil und Spirale

Die Boolesche Logik ist zweiwertig, wobei, ihrer hohen Stufe der Abstraktheit entsprechend, nichts darüber gesagt ist, was diese beiden Werte bedeuten. Rein formal ist es durchaus möglich, auch eine dreiwertige Logik oder noch höhere „Logiken" zu konstruieren. Man kommt dabei zu Systemen, für die es keine Entsprechungen in unserer Welt zu geben scheint. So hätte es in der Aussagenlogik keinen Sinn neben 'wahr' und 'falsch' einen weiteren Wert zu verwenden. Es wurde vorgeschlagen, als dritten Wert die Aussage 'unbestimmt' einzuführen, doch ist dieser Begriff nicht unabhängig, sondern aus 'wahr' und 'falsch' abzuleiten; man könnte 'unbestimmt' als 'wahr oder falsch' definieren, wobei sich das logische System wieder auf zwei Werte reduziert.

Die mathematische Logik war lange Zeit ein Beschäftigungsfeld der Philosophen – bis sie plötzlich von ganz anderer Seite überraschende Beachtung gewann. Diese Wendung geht auf die Computertechnik zurück. Bekanntlich arbeitet der Computer mit Dualzahlen, eine von Leibniz gefundene Alternative zu den Dezimalzahlen. Er wies daraufhin, daß die Wahl der Zahl 10 als Grundlage des Zahlensystems zwar historisch erklärlich, aber keineswegs zwingend ist. Es gab auch schon Vorschläge dafür, das Zehnersystem durch ein Zwölfersystem zu ersetzen, und zwar deshalb, weil sich die Zahl 12 besser teilen läßt als die Zahl 10.

Leibniz ging das Problem von einer allgemeineren Warte aus an; er fragte nach dem Zahlensystem, das mit einem Minimum an Symbolen auskommt, und nach dessen Eigenschaften. Und er kam zu folgendem Vorschlag: Null und Eins haben dieselbe Bedeutung wie im Zehnersystem, für die Zwei ist schon eine zweistellige Zahl nötig, die logischerweise aus einer Eins oder einer Null gebildet wird, und so geht das weiter:

Dezimalsystem/Dualsystem

0	0
1	1
2	10
3	11
4	100
5	101
6	110
7	111
8	1000

Wie man sieht, ist dieses Schema im Grunde einfach, wenn es auch recht umständlich erscheint. Insbesondere die Rechenregeln beschränken sich auf ganz wenige Beziehungen. So braucht man sich für die Addition nur folgende Zusammenhänge zu merken:

$$0 + 0 = 0$$
$$0 + 1 = 1$$
$$1 + 0 = 1$$
$$1 + 1 = 10$$

Und das kleine Einmaleins besteht nur noch aus vier Zeilen:

$$0 \cdot 0 = 0$$
$$0 \cdot 1 = 0$$
$$1 \cdot 0 = 0$$
$$1 \cdot 1 = 1$$

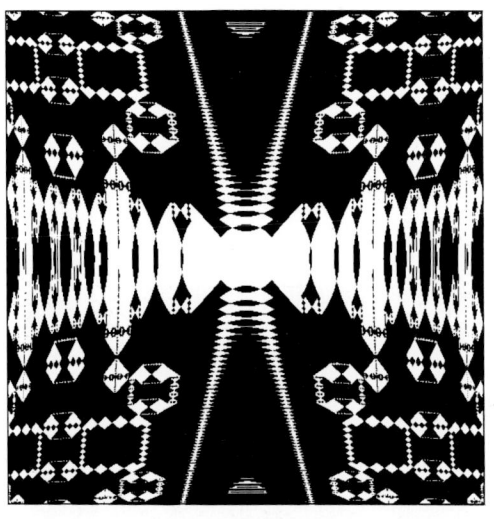

XOR-Verrechnung mit Kreis, Hyperbel und Teufelskurve

Kalte Logik

XOR-Verrechnung mit Flügelkeil, Spirale, Kreis und Sinusverteilung

Warum benutzt man in der Computertechnik das Dualsystem und nimmt es in Kauf, die aus langen Reihen von Nullen und Einsen bestehenden Resultate zur Ausgabe in Dezimalzahlen umzurechnen? Dazu muß man zunächst die Frage stellen, was für Voraussetzungen ein Schaltsystem überhaupt erfüllen muß, damit man mit ihm rechnen kann. Die Antwort ist einfach: Es muß gelingen, die Rechenoperation gewissermaßen abzubilden oder – anders gesagt – Schaltvorgänge bereitzustellen, die genau den Gesetzen der elementaren Mathematik folgen. Wollte man sich auf das Zehnersystem stützen, wäre das recht schwierig, denn man müßte zehnstufige Schalter zugrundelegen, setzt man dagegen das Dualsystem ein, so sind die Voraussetzungen dafür von selbst erfüllt.

In elektronischen Systemen gibt es nämlich eine Vielzahl von Möglichkeiten für die Unterscheidung von zwei Zuständen. Handelt es sich um eine elektrische Leitung, dann unterscheidet man STROMFREI und STROMFÜHREND. Ist in den Stromkreis eine Lampe mit einbezogen, dann ergibt sich daraus DUNKEL und HELL. Benützt man im praktischen Gebrauch einen Schalter, dann kommen die beiden Zustände SCHALTER OFFEN und SCHALTER GESCHLOSSEN vor. Somit liegt es nahe, zur formalen Beschreibung die Zeichen 0 und 1 zu verwenden. Umgekehrt ist dadurch eine „Abbildung" der beiden Werte 0 und 1 durch elektrische Größen gelungen.

XOR-Verrechnung mit Flügelkeil, Spirale, Kreis und Sinusverteilung

7

10

8

11

9

12

Aber nicht nur die Werte, auch die logischen Verknüpfungen lassen sich durch das elektrische Schaltsystem nachbilden – wie am Beispiel von UND und ODER gezeigt wird:

Wie zu erkennen ist, handelt es sich um Stromkreise, in die Schalter und – zur Anzeige – Lämpchen eingebaut sind. Ordnet man den Schalterstellungen jene logischen Zustände zu, die verknüpft werden sollen, dann zeigt das Lämpchen das Ergebnis der logischen Verknüpfung an. Wichtig für den praktischen Gebrauch ist schließlich, daß sich durch Hintereinanderschalten solcher elementarer Schaltungen alle komplizierteren logischen Beziehungen aufbauen und darstellen lassen.

Auf diese Weise enthält man also zunächst noch keine mathematische, aber immerhin eine logische Maschine. Sie erweist sich als weiteres Anwendungsgebiet einer Booleschen Algebra.

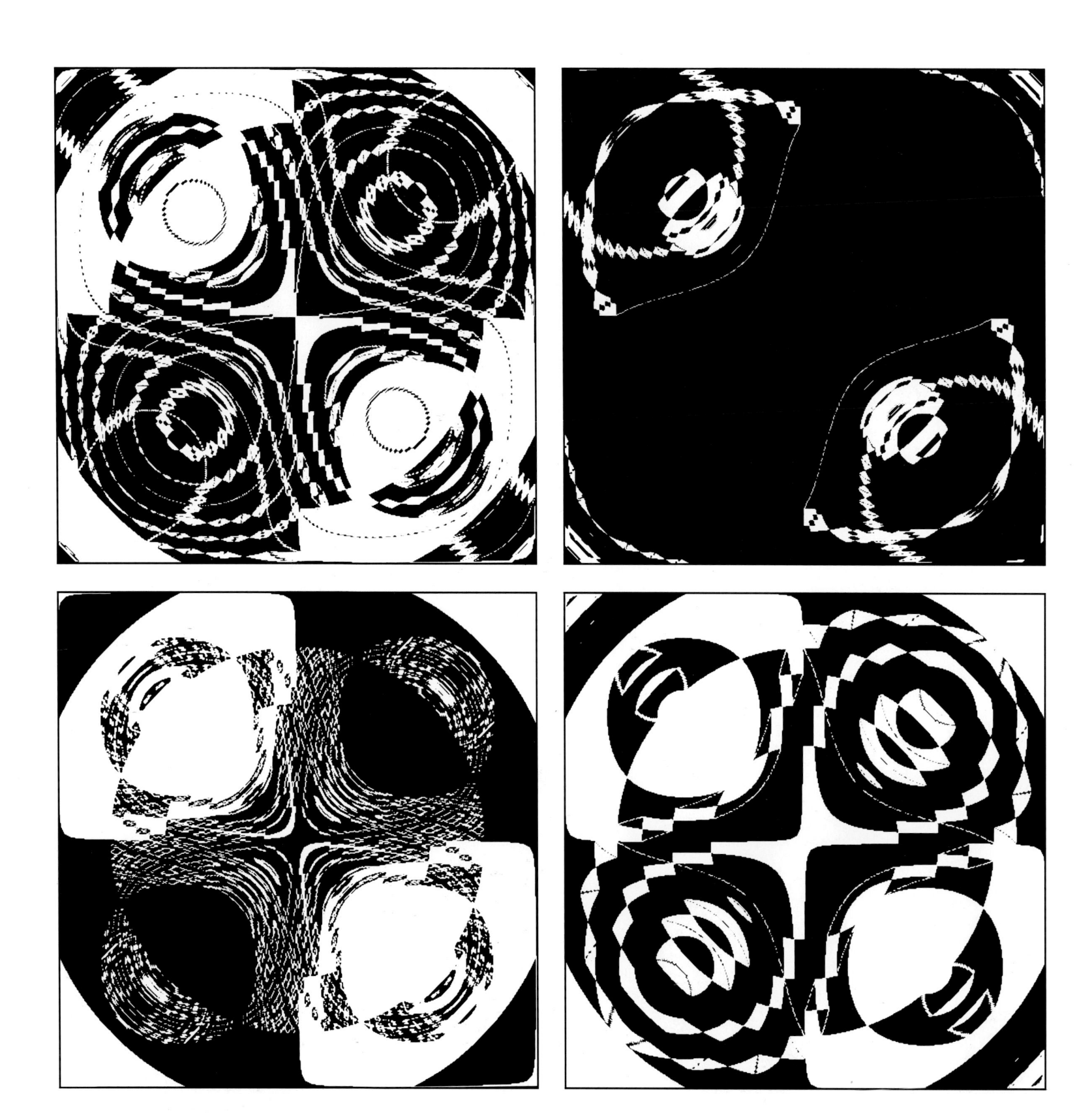

XOR-Verrechnung mit Kreis und Sinusverteilung

ODER-Verrechnung

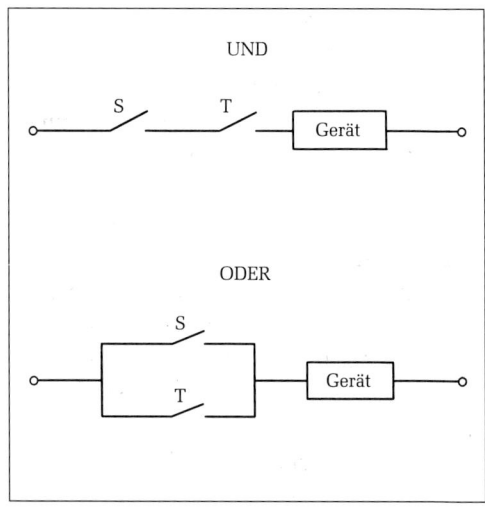

Abbildung logischer Beziehungen durch elektrische Schaltungen

Wenn man die Wahrheitstafeln für die Beziehungen UND und ODER mit den dualen Grundrechnungsarten vergleicht, fällt eine weitgehende Übereinstimmung auf. Dabei entspricht die Multiplikation dem logischen UND und die Addition dem logischen ODER – allerdings ohne Stellenübertrag. Das ist eine Einschränkung, über die man nicht so ohne weiteres hinweggehen kann, denn sie bedeutet den Übergang von der formalen Logik zur Mathematik oder, konkret gesprochen, vom zweiwertigen logischen System zu den Zahlen. Um diesen Übergang zu vollziehen, stellt sich die Aufgabe, nun auch den Stellenübertrag mit Hilfe einer Schalterkombination zu erreichen. Die Lösung ist nicht allzuschwer – wenn man die Symbolik der Booleschen Algebra einsetzt.

Damit ergibt sich auch das Grundschema eines Computers: Im Prinzip besteht er aus einer genügend großen Anzahl miteinander kombinierter Schaltungen für die logischen Grundzusammenhänge sowie für die benötigten Rechenoperationen. Während eine Rechenmaschine als Erweiterung eines logischen Systems anzusehen ist, erweist sich eine logische Maschine als vereinfachter Spezialfall eines Rechners. Das ist auch der Grund dafür, daß so gut wie alle Programmiersprachen auch logische Anweisungen enthalten.

Recht selten ist allerdings der Einsatz logischer Anweisungen für den Aufbau von Computergrafiken; nur den wenigsten ist bekannt, daß man auch logische Beziehungen in Bilder umsetzen kann. Entsprechend der zweiwertigen Logik wird man sich dabei im einfachsten Fall auf Darstellungen beschränken, in denen nur die Farben schwarz und weiß auftreten, mit denen man die Werte 0 und 1 verschlüsselt. Genauso, wie man Bilder mathematisch berechnen kann – so führt etwa die Addition zu einer einfachen Überlagerung –, lassen sich Bilder logisch verknüpfen. Die Anwendung der Beziehung NICHT führt zum Negativ des gegebenen Bildes. Mit anderen Beziehungen, also UND oder ODER kann man zwei verschiedene Bilder miteinander in Beziehung setzen. Man wendet dann die logischen Verknüpfungen auf die zur Kennzeichnung der Farben dienenden Bitmuster an, wobei jede Stelle der Dualzahl eines Bildelements des ersten Bildes mit jeder entsprechenden Dualzahl des zweiten in Beziehung gesetzt wird. Das kann mit den bekannten logischen Befehlen der Programmiersprache geschehen, wobei insbesondere die Beziehung des exklusiven ODER zu bemerkenswerten Ergebnissen führt.

Diese Beziehung bedarf einer ergänzenden Erläuterung. In unserem Sprachgebrauch wird nämlich das Wörtchen ODER in zweierlei Hinsicht gebraucht. Wenn man sagt: „Wenn ich mir einen warmen Wintermantel besorge oder zu Hause bleibe, schütze ich mich vor Schnupfen", dann gilt die Schlußfolgerung, gleichgültig, ob nur eine der Voraussetzungen allein oder beide zugleich zutreffen. In einer verschärften Form gebrauchen wir aber auch ein „entweder – oder"; dann gilt die Schlußfolgerung, wenn nur eine der Voraussetzungen besteht, aber nicht, wenn das für beide gilt. Man spricht dann vom "exklusiven ODER". Ein Beispiel für diesen Fall ist: „Wenn ich in deinen Klub überwechsle oder du in meinen, dann können wir in derselben Mannschaft spielen".

XOR	0	1
0	0	1
1	1	0

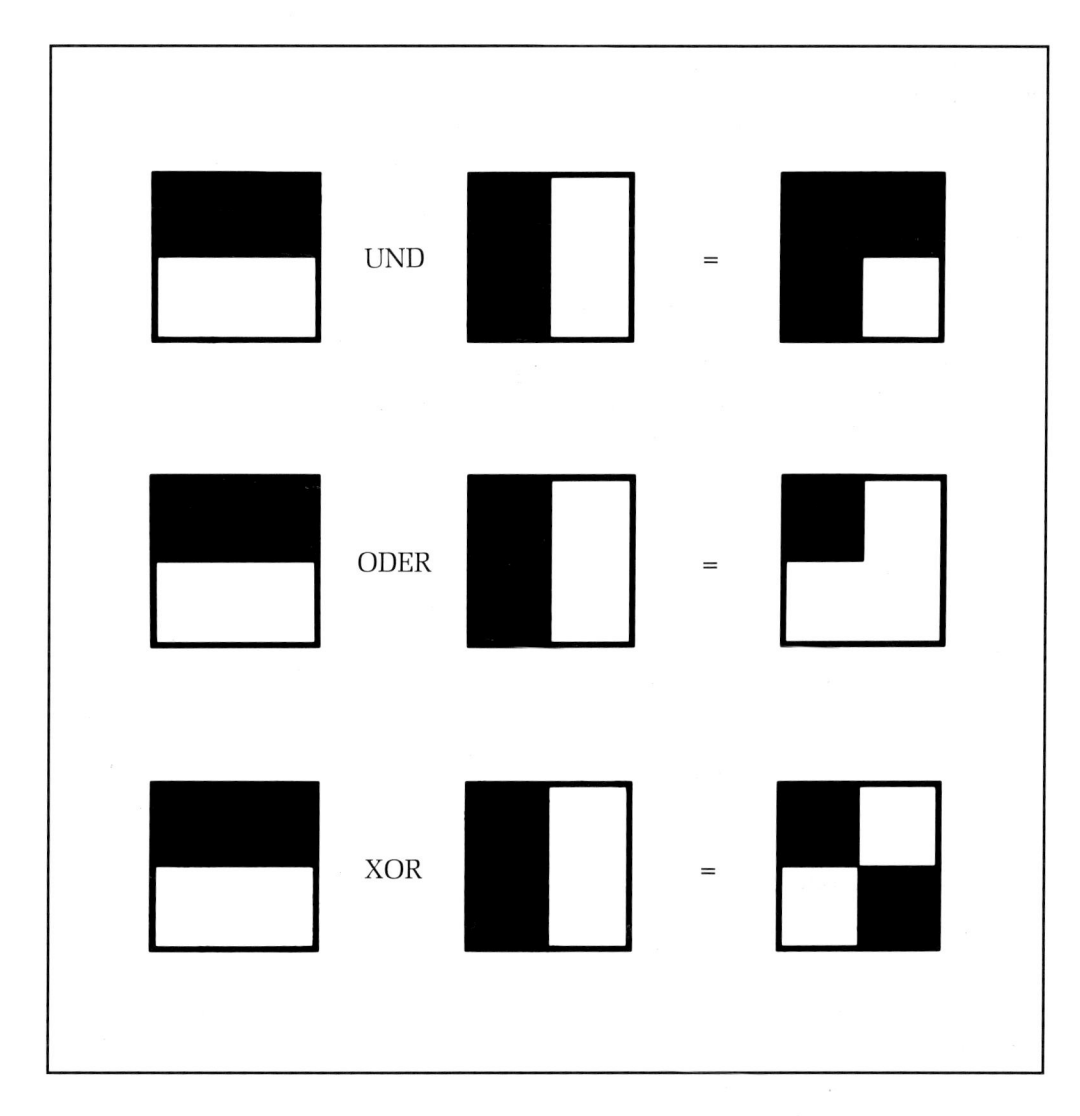

Um eine erste Übersicht über die durch logische Beziehung bewirkten grafischen Umsetzungen zu gewinnen, empfiehlt es sich, zunächst mit einfachsten Bildern, beispielsweise zwei gekreuzten Graukeilen zu arbeiten (S. 88/89). Es ist bemerkenswert, daß auf diese Weise ein neuer Typ von Mustern entsteht, der auch rein äußerlich recht abstrakt anmutet – die Entstehungsweise auf Grund logischer Beziehungen scheint man ihnen direkt ansehen zu können. Auch Darstellungen algebraischer Formeln führen zu Grafiken von eigenartigem geometrischen Reiz. Das ist der Grund, warum wir diese Serie „Kalte Logik" genannt haben.

Während die Veranschaulichungen mathematischer Beziehungen auch eine praktische Bedeutung haben, darf man das von den logischen Visualisierungen nicht erwarten. Vielleicht aber sollte man mit einer solchen Behauptung vorsichtiger sein – oft genug hat sich schon herausgestellt, daß sich mathematische oder auch logische Systeme, denen man anfangs keinerlei praktischen Wert zuerkennen wollte, doch noch als nutzbar erwiesen – etwa dadurch, daß man in irgendwelchen Winkeln unserer Welt, und sei es im Inneren der Atomkerne, Gesetzmäßigkeiten fand, denen eines jener abstrakt scheinenden Systeme angepaßt war und sich als Mittel zu deren Beschreibung herausstellte. Es ist nicht völlig ausgeschlossen, daß sich eines Tages auch für die Bilder der „Kalten Logik" irgendein physikalisches Problem findet, zu dessen Aufhellung sie beitragen können.

GEBROCHENE DIMENSIONEN

Zu den erstaunlichsten Persönlichkeiten der modernen Wissenschaft gehört sicher der Mathematiker Benoit B. Mandelbrot. 1924 wurde er in Warschau geboren, dann übersiedelte er mit seinen Eltern nach Paris. Ein Onkel bestärkte ihn in seinem Interesse an Mathematik, und 1952 hatte er seinen Doktor in diesem Fach gemacht. Seine mathematischen Forschungen führten ihn nach Princeton, einem Mekka modernster Wissenschaft, in dem schon Einstein gearbeitet hatte, er erhielt Gastprofessuren für Ökonomie, Mathematik und Ingenieurwissenschaften und wurde 1974 ein IBM Fellow – eine Auszeichnung, die nur wenigen hervorragenden Wissenschaftlern zuteil wird.

Mitte der siebziger Jahre allerdings trat er mit einer Idee hervor, die in der Fachwelt kaum ernstgenommen wurde. Es handelte sich um geometrische Gebilde, die er „Fraktals" nannte. Dieses Wort hat denselben Stamm wie „Fraktionieren" oder „Fraktion" und bedeutet soviel wie „gebrochen". Jene Kennzeichnung bezieht sich merkwürdigerweise auf die Dimension von Linien, Flächen oder Körpern. Was für einen Sinn soll eine gebrochene Dimension haben – also eine Linie der Dimension 1,5 oder eine Fläche der Dimension 2,333?

Wir wollen diese Frage einstweilen zurückstellen und in der Geschichte ein wenig weitergehen. Gegen die Art und Weise, wie Mandelbrot seine Fraktals beschrieb, war auch von Mathematikern nichts einzuwenden. Worin sie sich jedoch einig waren, war die Meinung, daß es sich dabei um Gedankengebilde – um nicht „Hirngespinste" zu sagen – handelte, also um Dinge, die man sich zwar ausdenken kann, die aber in der wirklichen Welt keine Bedeutung haben. Das Ungewöhnliche daran ist die Tatsache, daß sich diese Meinung innerhalb weniger Jahre grundlegend änderte. Wenn jemand heute behauptet, Fraktals wären in der Natur häufiger als alle anderen bisher bekannten geometrischen Objekte, dann wird ihm kein Mathematiker mehr widersprechen. Wie kommt es, daß man das bisher übersehen hat?

Eines der ersten Beispiele, das Mandelbrot für seine Fraktals angab, waren Küstenlinien – das Grenzgebiet zwischen Wasser und dem anschließenden Festland. Mandelbrot behauptete schlichtweg, daß man ihre Länge nicht genau messen kann, oder, anders ausgedrückt, daß sie Fraktals sind.

Und in der Tat: Wenn man zwei Vermessungstechnikern den Auftrag gäbe, die genaue Länge einer Uferlinie auszumessen, dann kämen sie mit Sicherheit auf verschiedene Ergebnisse. Das liegt natürlich an der Methode. Normalerweise schlägt ein Vermessungsarbeiter Pfähle ein, zwischen die er Schnüre spannt. Die Länge aller Schnüre zusammengenommen ergibt den gesuchten Wert. Bei einer unregelmäßig geformten Uferlinie allerdings gibt es verschiedene Möglichkeiten, diese Pfähle zu setzen, an verschiedenen Punkten oder mit verschiedenen Abständen. Verständlich, daß die Ergebnisse der Summierung verschieden sind. Gibt es nun wirklich kein wahres Ergebnis? Man würde sich ihm dadurch nähern, daß man die Pfähle immer enger setzt – und bemerkenswerterweise würde dadurch der gemessene Wert immer höher, denn durch jeden zusätzlichen Knick wird die Strecke länger. Das ist genau jener Unterschied, der sich auch zwischen der Luftlinie und den Bahnkilometern ergibt; die kürzeste Verbindung über die Gleise kann nicht kürzer sein als die einer zwischen beiden Punkten gezogenen Geraden.

Doch zurück zur Uferlinie! Um diese genau zu messen, müßten die Pfähle unendlich dicht nebeneinander gesetzt werden, und das ist praktisch nicht möglich. Im übrigen hat ein solcher Wert auch keinerlei praktische Bedeutung, und deshalb meinten Mandelbrots Kollegen ... – siehe oben!

Nichtsdestoweniger aber ist das Problem zumindest beachtenswert. Und wenn man ein wenig sucht, kann man viele Beispiele für ähnliche Verhältnisse finden. Das gilt beispielsweise auch für die Oberfläche eines Gebirges, die eben nur annäherungsweise zu bestimmen ist.

Wer sich in der Mathematik ein wenig auskennt, wird aber feststellen, daß dort schon einige Gebilde bekannt sind, die Fraktalcharakter haben. Das bekannteste ist die sogenannte Schneeflockenkurve. Schon 1904 hatte sich damit der deutsche Mathematiker H. von Koch beschäftigt, weshalb sie oft auch als Kochsche Kurve bezeichnet wird. Die Anleitung zum Aufbau ist recht einfach. Man beginnt mit einem gleichschenkligen Dreieck. Dessen Seitenlinien werden in drei gleichgroße Abschnitte geteilt, an die mittleren Abschnitte anschließend werden drei weitere, entsprechend kleinere gleichseitige Dreiecke angeordnet.

Man erhält einen Davidsstern, der zwölf Seitenlinien aufweist. Diese werden wieder in drei Teile geteilt und daran verkleinerte gleichseitige Dreiecke gelegt. Das läßt sich nun beliebig lange fortsetzen, wobei man Muster erhält, die von Schneekristallen her bekannt sind – daher der Name. Was aber aus der Sicht unseres Themas interessant ist: Diese ornamentalen Formen sind Fraktals. Nach ähnlichen Vorschriften kann man übrigens noch eine Menge anderer Gebilde konstruieren, wofür Mandelbrot in seinem 1975 erschienenen Buch „Die fraktalen Objekte: Form, Zufall und Dimension" viele Beispiele gibt. Damit ist bewiesen, daß Fraktals keineswegs stets ungeordnete Formen haben müssen – wie Küstenlinien oder die Oberflächen von Bergen –, sondern daß sie auch nach strengen Gesetzen aufgebaut sein können. Dieses Regelmaß versetzt die Mathematiker in die Lage, etwas zu tun, was ihren Kollegen von der Vermessungstechnik verschlossen ist: Sie können nämlich die genaue Länge der Umgrenzung bestimmen. Dazu gibt es ein Verfahren, welches man als Grenzwertbestimmung bezeichnet und das uns hier nicht länger beschäftigen soll. Immerhin wird durch diese Berechnung bestätigt, daß der fraktale Charakter stets zu einer Vergrößerung der Grenzlinien oder auch des Inhalts der Oberfläche führt.

Damit läßt sich auch erklären, was Mandelbrot mit seinen „gebrochenen Dimensionen" gemeint hat. Ist von den üblichen Dimensionen geometrischer Körper die Rede, dann gibt es ein einfaches Gesetz: Die Begrenzung eines Gebildes weist immer eine Dimension weniger auf als das Gebilde selbst. So ist die Begrenzung eines Würfels eine Fläche, aufgebaut aus sechs Quadraten, deren Seiten den Kanten des Würfels entsprechen. Und so ist die Begrenzung einer Kreisfläche eine Kreislinie, deren Länge sich auf bekannte Weise mit Hilfe der Konstanten π berechnen läßt. Allgemein gesprochen ist eine Fläche durch eine Linie begrenzt, ein dreidimensionaler Körper durch eine Fläche und – wenn die Verallgemeinerung gestattet ist – ein vierdimensionaler Körper durch einen dreidimensionalen. Und in allen von der klassischen Geometrie betrachteten Fällen gilt, daß die Dimension des Gebildes an der Formel erkennbar ist, die zur Beschreibung des Inhalts dient. Beim Würfel haben wir:

$V = a^3 \qquad F = 6a^2$

(V bedeutet Volumen, F Oberfläche und a Kantenlänge).

Beim Quadrat gilt:

$F = a^2 \qquad U = 4a$

(F bedeutet Flächeninhalt, U Umfang).

Aus diesen Beziehungen läßt sich die Bedeutung der Dimensionsangabe ersehen: Es ist die – normalerweise – ganzzahlige Potenz, in der die Längenangabe vorkommt. Hat man es aber nicht mit „normalen" Körpern, sondern mit Fraktals zu tun, dann kommen in den Ausdrücken für die Oberfläche bzw. für den Umfang gebrochene Exponenten vor. Da kann der Ausdruck für die Oberfläche eines fraktalen Körpers $a^{2,16}$ enthalten, und derjenige für die Umrandungslinie einer fraktalen Fläche $a^{1,4}$. 2,16 und 1,4 – das sind Werte jener Art, die Mandelbrot seinen Fraktals als Kennzeichnung der Dimension zuschreibt. Der Genauigkeit halber sei erwähnt, daß diese Definition schon in der Zeit nach dem ersten Weltkrieg dem deutschen Mathematiker Felix Hausdorff (1868–1942) eingefallen ist.

Benoit B. Mandelbrot konnte bei seinen Arbeiten mehrmals auf die Erfahrungen früherer Mathematikergenerationen zurückgreifen, die Jahrzehnte hindurch so gut wie vergessen waren. Er selbst schreibt dazu: „Will ich damit sagen, daß eine fraktale Geometrie schon vor hundert Jahren ‚erfunden' worden wäre? Keineswegs! Wenn ich diese Autoren zitiere, so verbinde ich immer großes Lob mit starkem Tadel. Lob, weil sie gewisse Konstruktionen erdachten, die ich schließlich zusammenfassen konnte und für unschätzbar erachtete. Tadel, weil sie die Verwandtschaft ihrer Konstruktionen weder erkannten noch ausbauten und weil sie sie als pathologische Ausnahme-Mengen behandelten, womit sie ihre wahre Bedeutung gründlich mißverstanden."

Mit all dem ist allerdings noch lange nicht erklärt, wieso Fraktals nun unversehens große Bedeutung für die Mathematik und Naturwissenschaft erhalten haben. Ein Verdacht hätte sich allerdings schon im Zusammenhang mit der Vermessung von Oberflächen ergeben können. So weiß heute jeder Student der Physik und Chemie, daß das Ausmaß der Oberfläche außerordentlich wichtig für verschiedenste Prozesse ist, vor allem dann, wenn sich Stoffe an andere anlagern sollen.

Gebrochene Dimensionen

Ein bekanntes Beispiel dafür ist die Aktivkohle, die wir gegen Durchfallerkrankungen einnehmen. Ihre Wirksamkeit beruht darauf, daß sich auf ihrer Oberfläche Krankheitskeime sammeln, und zwar vor allem deshalb, weil die Aktivkohleteilchen besonders große Oberflächen haben. Eine Vergrößerung der Oberfläche ohne Vergrößerung des Körpers selbst ist aber nur möglich, wenn diese vielfach aus- und eingestülpt, zerfältelt oder verschrumpelt ist. Genau das ist bei der Aktivkohle der Fall – und somit ist sie ein (wenn auch nicht ideales) Fraktal. Ähnliches gilt für verschiedenste Größen der Physik und der Chemie, auch für die Lunge, deren Funktion dadurch verbessert wird, daß ihre Oberfläche durch die Bildung zahlreicher Falten und Blasen stark ausgedehnt wird.

Die erste „praktische" Anwendung der Fraktals ergab sich aber erstaunlicherweise nicht bei ernsthaften Fragen der Wissenschaft und der Technik, sondern in der Filmindustrie. George Lucas, der insbesondere durch seine „Krieg der Sterne"-Filme bekannt wurde, beschloß als erster Filmproduzent, seiner Firma ein hochleistungsfähiges Computerlabor anzugliedern. Zuerst setzte er die Computer ein, um seine Raumschiffmodelle zu steuern. Später zielte er darauf ab, mit Hilfe der Computergrafik Bilder ferner Himmelskörper und fremder Technik so wirklichkeitsnahe zu erstellen, daß man sie für fotografisch bzw. filmisch aufgenommen ansah. Inzwischen sind computerproduzierte Szenen in Science-Fiction-Filmen vielfach verwendet worden und haben beträchtliches Aufsehen erregt.

Es war Loren Carpenter, der die Aufgabe hatte, ein Programm für die dreidimensional-perspektivische Ansicht eines Gebirges zu schreiben. Geometrisch gesehen besteht ein solches aus Bergen und Tälern, und es sollte sich beschreiben lassen, wenn man charakteristische Punkte festlegt, beispielsweise jene der Gipfel und Nebengipfel, der Eintiefungen usf., und diese verbindet. Schon auf sehr grobe Weise kommt dabei ein beachtliches Gebirge zustande, und es wird um so realistischer, je mehr solcher Punkte man einführt. Aber wo aufhören? Hier bekommt der Fraktalcharakter des Gebirges praktische Bedeutung: Theoretisch könnte man die Unterteilung in winzige Erhöhungen und Vertiefungen bis ins Unendliche fortsetzen. In Wirklichkeit legt man willkürlich fest, mit welcher Feinheit der Struktur man sich zufriedengibt. Carpenter beschrieb seine Gebirge mit Hilfe von Fraktals, wobei er zu beachtlichen Ergebnissen kam. Von da an war diese Methode fest in die Computergrafik eingeführt, und immer wieder hört man neue Anwendungsmöglichkeiten, beispielsweise zur Darstellung von Wolken, Feuer, sogar von Bäumen und Sträuchern.

Von einer ganz anderen Seite her kam eine Gruppe von Wissenschaftlern, deren Bilder von Fraktals inzwischen durch die ganze Welt gegangen sind und als Kunstwerke bewundert werden. Noch vor fünf oder sechs Jahren hätte sich das keiner von ihnen träumen lassen. Damals gründete sich an der Bremer Universität eine Forschungsgruppe unter Leitung des Mathematikers Heinz-Otto Peitgen und des Physikers Peter Richter. Sie beschäftigten sich mit „dynamischen Systemen", ein Ausdruck, der sehr weit gefaßt ist. Dazu gehören Atome ebenso wie Spiralnebel, Laserstrahlenkaskaden ebenso wie Wettererscheinungen. Die besondere Aufmerksamkeit der Wissenschaftler richtete sich dabei auf jene Störungen des Gleichgewichts, bei denen es – oft schnell und unerwartet – zu tiefgreifenden Änderungen kommt. Ein Beispiel, das alle interessiert, ist der Übergang von schönem zu schlechtem Wetter. Im engeren Wissenschaftsbereich gibt es aber auch eine Unmenge wichtiger Probleme, die weniger bekannt, deshalb aber nicht weniger wichtig sind und die man durch ähnliche Änderungsprozesse beschreiben kann: Dazu gehört auch der Umschlag des magnetischen Zustands von Eisen oder die Bewegung eines Planeten im Kraftfeld zweier Sonnen. Auch dieser Zustand braucht keineswegs stabil zu sein – die Bremer Forscher weisen darauf hin, daß wir bei der Auswahl unseres Sonnensystems gewissermaßen „Glück gehabt" hätten. Es gibt auch Sternkonstellationen, bei denen sich Planeten zwar Millionen Jahre lang auf scheinbar festen Bahnen bewegen können, doch dann plötzlich ganz überraschende Wendungen ausführen und auf „abwegige" Bahnen geraten.

Gebrochene Dimensionen

'Seepferdchen' – ein klassisches Fraktal

1

2

5

3

6

4

7

106

'Seepferdchen' – ein klassisches Fraktal

Gebrochene Dimensionen

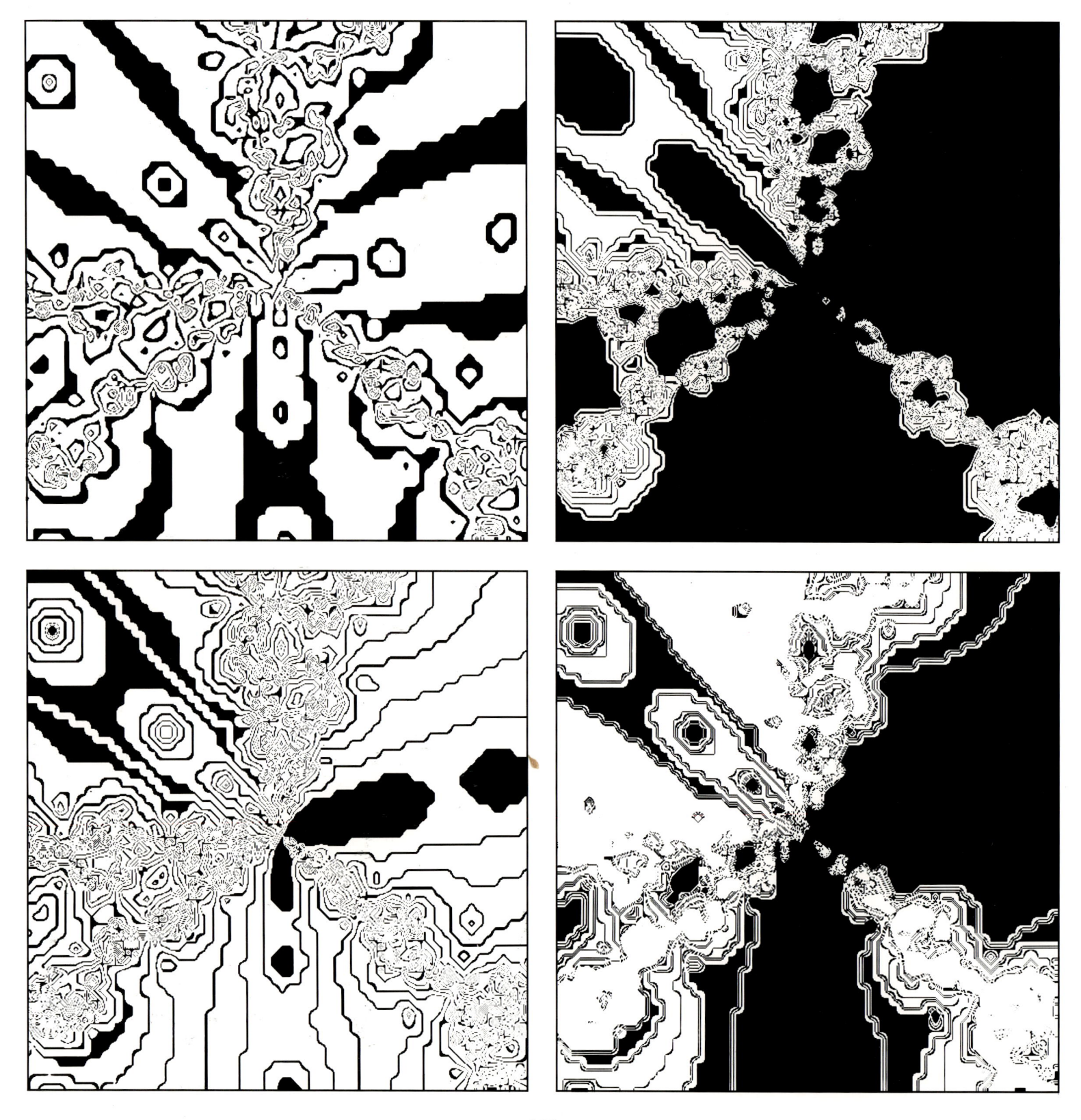

'Schlingenfigur'

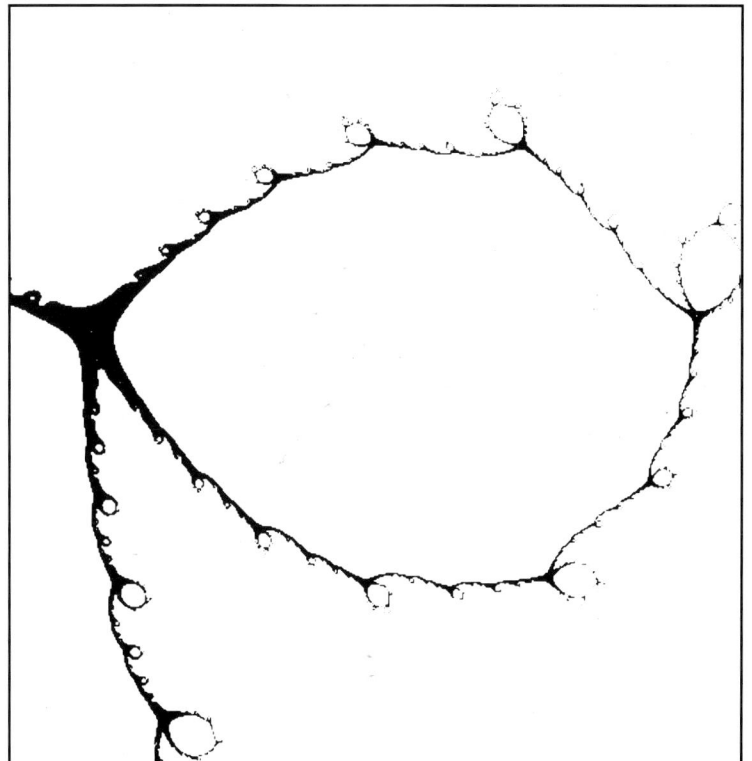

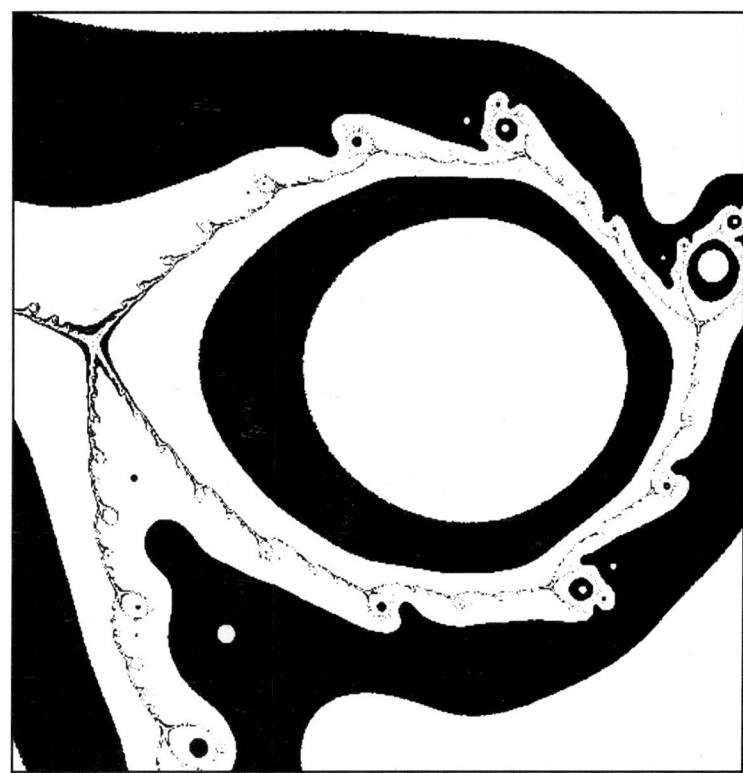

109

Bei ihren Arbeiten stießen die Bremer Forscher auf Formeln, die so kompliziert sind, daß man ihre Bedeutung kaum noch erkennen kann. Da kamen sie auf die Idee, die Mittel der Computergrafik zu benutzen, um den mathematischen Zusammenhang durch Bilder zu beschreiben. Schon die ersten Versuche erbrachten eine gewaltige Überraschung: Auf dem Bildschirm tauchten Figuren auf, die zwar sehr kompliziert aufgebaut waren, doch eine besondere Art von Ordnung erkennen ließen. Einige Kollegen, die von der Methode der Visualisierung nicht besonders angetan waren, bezeichneten sie als „Häkelmuster". In der Tat besteht da eine gewisse Ähnlichkeit, die sich insbesondere auf die in den Bildern auftretenden Konturen bezieht. In Wirklichkeit allerdings tritt hier eine ganz neue Formklasse auf, die mit üblichen Mustern nichts zu tun hat und sich mit Worten nur schwer beschreiben läßt. Erstaunlicherweise sind die in Bildern dargestellten Formen, so unterschiedlich sie im einzelnen auch sein mögen, nichts anderes als Fraktals!

Genauso wie man physikalische Erscheinungen mathematisch darstellen und dadurch besser verständlich machen kann, benützt man oft ein Beispiel aus der Physik, um den Charakter einer mathematischen Funktion zu beschreiben. So dient die Bahn eines Geschosses als Schulbeispiel für eine Parabel und die Wasserwelle als Vorbild der trigonometrischen Funktionen Sinus und Cosinus. Gibt es auch für die Fraktals eine einfache physikalische Möglichkeit der Veranschaulichung? Das ist tatsächlich der Fall, und es lohnt sich, sich die Sache einmal etwas genauer anzusehen, da man dabei auch gleich ein Modell für das Verständnis anderer physikalischer Zusammenhänge gewinnt, die durch Fraktals beschreibbar sind.

Als Ausgangsbasis dient eine Berglandschaft. Wenn es regnet, dann rinnt das Wasser an der Oberfläche ab und sammelt sich in den Tälern. Das gesamte Gebiet, aus dem das Wasser für ein bestimmtes Tal stammt, wird als Einzugsbereich bezeichnet. Die Grenzen dieser Bereiche sind durch die Gebirgsform gegeben; man bezeichnet sie als Wasserscheiden, die den die Gipfel verbindenden Graten folgen. Um die Verhältnisse zu beschreiben, könnte man diese Einzugsbereiche durch verschiedene Farben kennzeichnen. Man könnte dieses Schaubild mit einigen weiteren nützlichen Daten anreichern, beispielsweise, indem man die Zeit angibt, die das Wasser braucht, um von jeder beliebigen Stelle aus den tiefsten Punkt des zugehörigen Tals zu erreichen. Das kann durch ein Zahlenfeld geschehen, das man jedoch, wie bei anderen Fällen schon gezeigt wurde, auch durch Grauwerte oder Farben darstellen kann. Die Grenzen dieser Bereiche sind typische fraktale Linien.

Eigentlich hätten sich Heinz-Otto Peitgen und Peter Richter mit den gelungenen Veranschaulichungen ihrer Probleme zufrieden geben können, doch das, was sie erreicht hatten, reichte über die Mathematik weit hinaus – der Aspekt der Schönheit ließ sich nicht ignorieren. Er wurde Anstoß dazu, sich mit diesen Bildern auch unabhängig von der mathematischen Problematik zu beschäftigen und Experimente in ganz ungewohnte Richtungen anzustellen. Mit Hilfe sorgsam gewählter Ausschnitte und eigens gestalteter Farbabstufungen versuchten sie den ästhetischen Reiz zu erhöhen – und das Interesse der breiten Öffentlichkeit gab ihnen recht. Sie stellten eine Ausstellung zusammen, die zuerst, 1984, in Bremen gezeigt wurde, inzwischen aber durch die ganze Welt gegangen ist. MAP ART nannten sie diesen neuen Zweig der Gestaltung, der zwischen Kunst und Wissenschaft eine Brücke schlägt.

Vielleicht ist aber eine andere Folgeerscheinung der Bremer Aktivitäten noch wichtiger: der von ihnen gegebene Anstoß, sich mit einem speziellen Gebiet der Mathematik, eben den Fraktals, zu beschäftigen. Denn verständlicherweise wollten die Betrachter dieser Bilder wissen, wie sie zustande gekommen sind, was sie bedeuten, was dahinter steckt. Und so mußten sich die Angehörigen des Teams einer neuen Aufgabe stellen, und zwar der allgemein verständlichen Darstellung ihres Wissensgebiets. In den wenigen Jahren, die seit der Entstehung der ersten Fraktals in Bremen vergangen sind, erschienen mehrere Ausstellungskataloge und Bücher zu diesem Thema. Noch größer aber war das Echo in verschiedensten Zeitschriften, vor allem in jenen, die sich an die Anwender von Kleincomputern wenden. Die Produktion von fraktalen Bildern gilt inzwischen geradezu als Prüfstein für die Qualität eines Computergrafiksystems und für die Fähigkeit des Programmierers.

Gebrochene Dimension

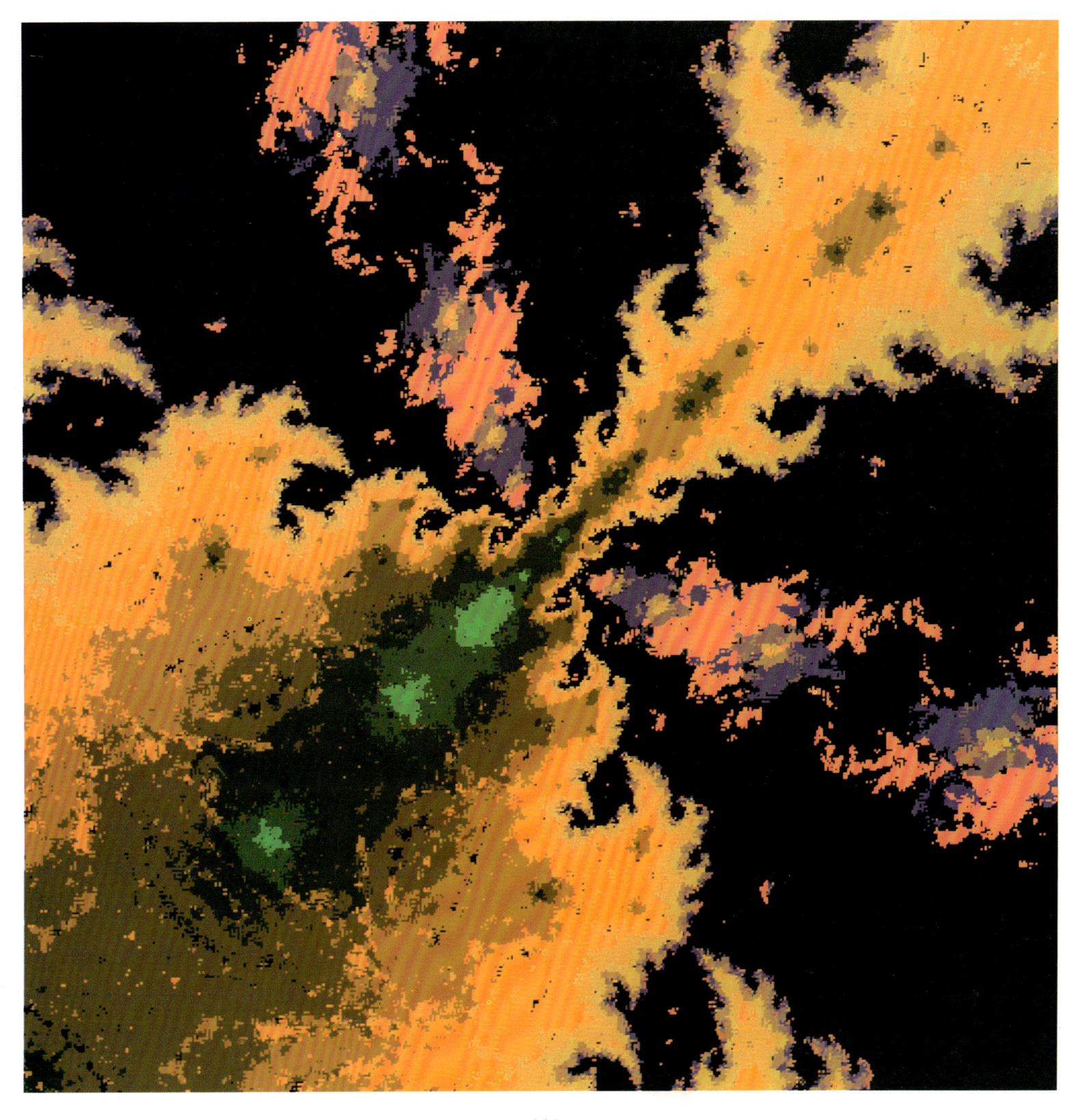

Gebrochene Dimensionen

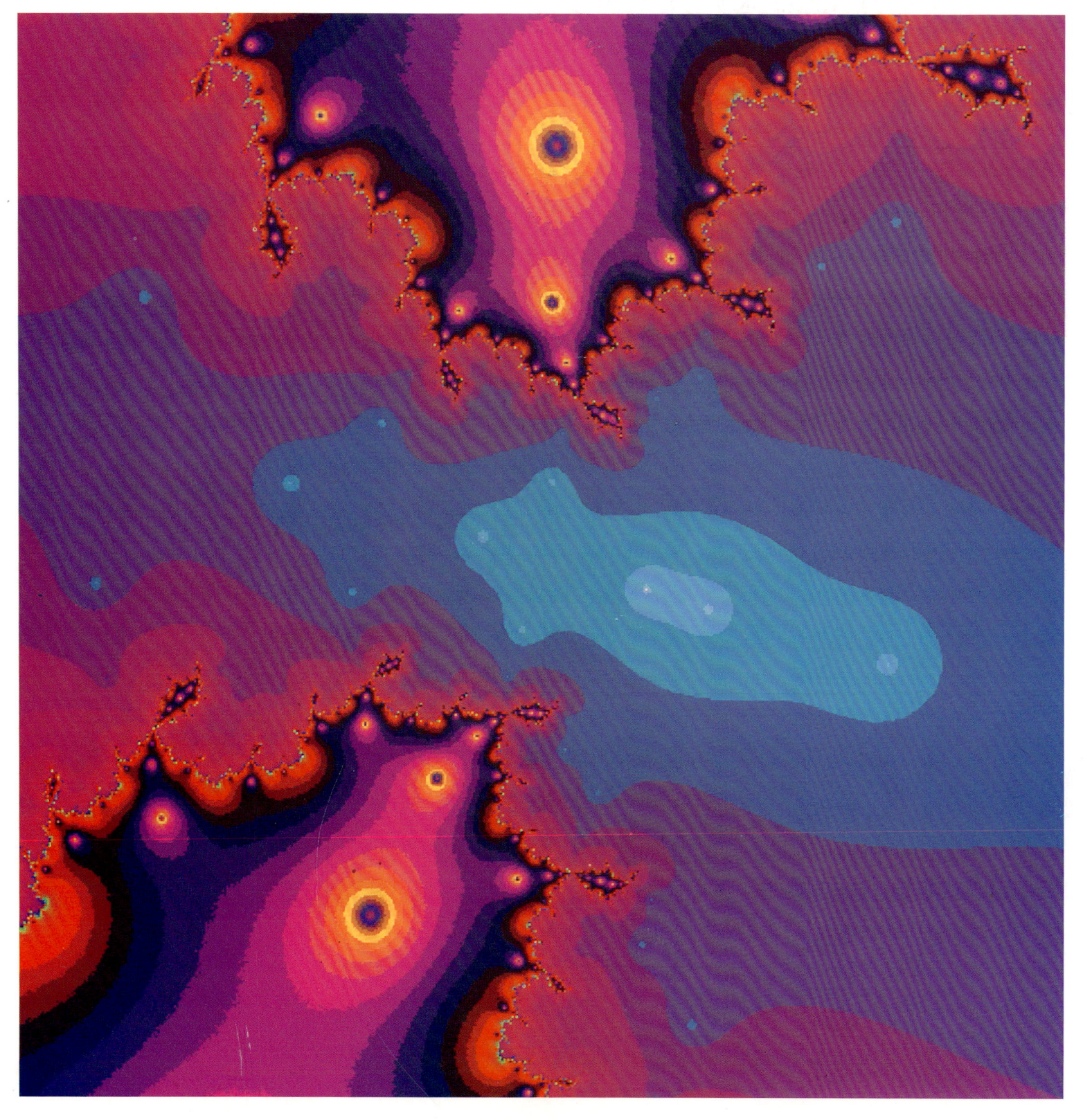

Gebrochene Dimensionen

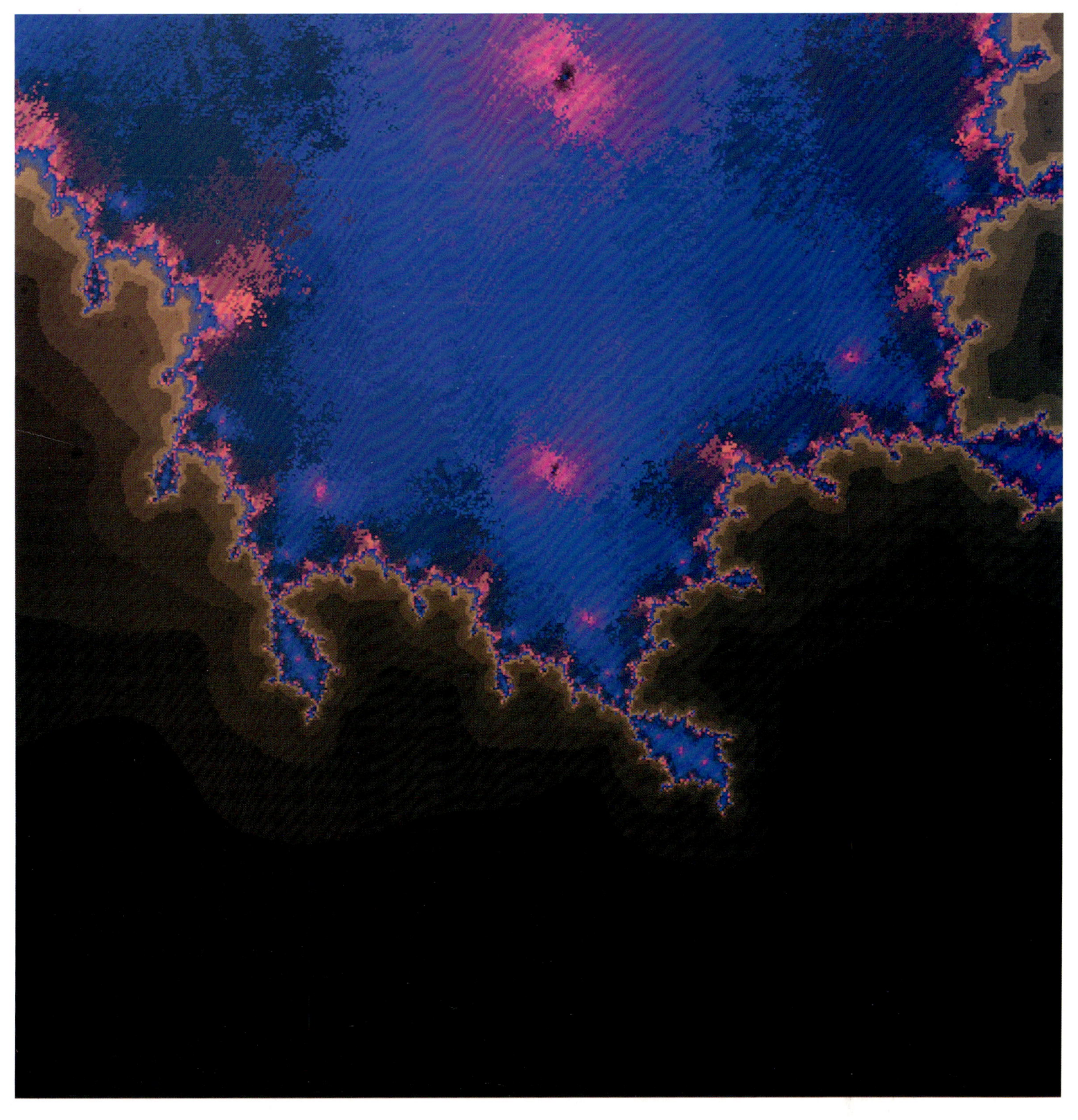

Im Grunde genommen setzte sich damit eine Initiative fort, die schon um die Jahrhundertwende begonnen hatte. Im Zusammenhang mit jenen Gebilden, für die die Schneeflockenkurve das bekannteste Beispiel ist, hatte man schon früher von einem „mathematischen Kunstmuseum" und sogar von einer „Galerie der Monster" gesprochen. Die Konstruktion solcher Kurven, die so einfach ist, daß man keinen Computer dafür braucht, gehörte in jenen Teil einer anregenden Beschäftigung, die man als „mathematische Spiele" bezeichnet. Dieses Gebiet ist längst noch nicht ausgeschöpft, jeder, der Interesse dafür hat, kann sich an die Konstruktion neuer Varianten machen. Das Rezept ist einfach: Man geht von irgendeiner Anfangsfigur aus und macht diese dadurch komplizierter, daß man Elemente derselben in verkleinerter Form in den Kurvenverlauf einsetzt. Es handelt sich also um eine stetige Wiederholung, wobei das Resultat des ersten Schrittes die Ausgangsbasis für den zweiten ist. Solche, einem strengen Gesetz gehorchenden Fraktals haben neben ihrem gebrochenen Charakter noch eine andere Eigenschaft, die man als „Selbstähnlichkeit" bezeichnet. Das bedeutet, daß man auch im kleinsten Ausschnitt der Kurve denselben Verlauf, dieselben Elemente beobachten kann wie in der zugrundeliegenden Darstellung. Heinz-Otto Peitgen und Peter Richter haben eins ihrer Bilder mit computergrafischen Mitteln schrittweise immer weiter vergrößert. Dabei wählten sie in jedem neuen Bild einen Ausschnitt, der einer weiteren Vergrößerung unterworfen wurde. Selbst bei ihren sehr komplizierten Formeln erbrachten sie den schlagenden Beweis der „Selbstähnlichkeit", der manche Fraktals besonders reizvoll macht.

Zwei mögliche Eigenschaften der Fraktals haben wir damit kennengelernt: ihre gebrochenen Dimensionen und ihre Selbstähnlichkeit. Es kommt noch eine weitere Eigenschaft hinzu – die Tatsache, daß sie ein Verbindungsglied zwischen Ordnung und Zufall sind. Als Mandelbrot zum ersten Mal einen Computer einsetzte, um ein von ihm entdecktes Fraktal darzustellen, kam er zu einer Figur, die dem Umriß Figur eines Apfels hat, an dem viele weitere, verkleinerte Exemplare von Äpfeln stecken. Die Bremer, die bei ihren Arbeiten immer wieder auf dieses Gebilde stießen, nannten es „Apfelmännchen". Mandelbrot, dem seinerzeit nur ein einfaches Computergrafiksystem für Schwarzweißdarstellung zur Verfügung stand, entdeckte um das Apfelmännchen herum eine Reihe von Punkten und Flecken, die er für Verunreinigungen oder Fehler hielt. Erst als ihm eine bessere Anlage zur Verfügung stand, erwies sich, daß diese Flecken nichts anderes als weitere, verkleinerte Variationen der Grundfigur, nämlich des Apfelmännchens, waren.

Dieser Vorfall ist ein gutes Beispiel dafür, daß etwas, was zwar gesetzmäßig aufgebaut, aber sehr kompliziert ist, irgendwann einmal in Unordnung überschlägt – zumindest ist dem Augenschein nach kein Gestaltzusammenhang mehr zu erkennen. Was auf den ersten Blick eher als ein Kuriosum erscheint, erweist sich in Wirklichkeit als Erscheinung weittragender Bedeutung. Es besagt nämlich, daß auch jene Abläufe, die gutbekannten Gesetzen folgen, keineswegs stets beliebig weit im voraus berechenbar sind. Beispiele dafür gibt es bei der Vermehrung von Schadinsekten, die plötzlich explosionsartige Ausmaße annimmt, bei wirtschaftlichen Entwicklungen, die mit einem Börsenkrach enden, bei einer unerwarteten Wetteränderung mit Platzregen und Gewitter. Auch hier gilt die für Fraktals typische Erfahrung: Das, was zunächst als einfach und gefestigt erscheint, kann ungeahnte Instabilitäten entfalten. Die Erscheinungen, die in diesen Bereich fallen, sind längst noch nicht geklärt – Mathematiker und Physiker arbeiten zusammen, um die Kenntnisse darüber zu vertiefen, Angehörige anderer Disziplinen warten schon auf Ergebnisse, die sie in ihren Fachgebieten nutzbringend anwenden könnten, und sogar Philosophen hoffen darauf, neue Aspekte für uralte Fragen zu gewinnen, vielleicht sogar jener der Vorausberechenbarkeit des Schicksals. Aber auch jene, die sich spielerisch mit der Konstruktion neuer Varianten der Schneeflockenkurve beschäftigen, können sich darauf berufen, daß sie sich nicht weit von der Grenze entfernt befinden, die der menschliche Wissensdrang noch nicht überwunden hat. Vielleicht ist diese Grenze ein Fraktal.

Gebrochene Dimensionen

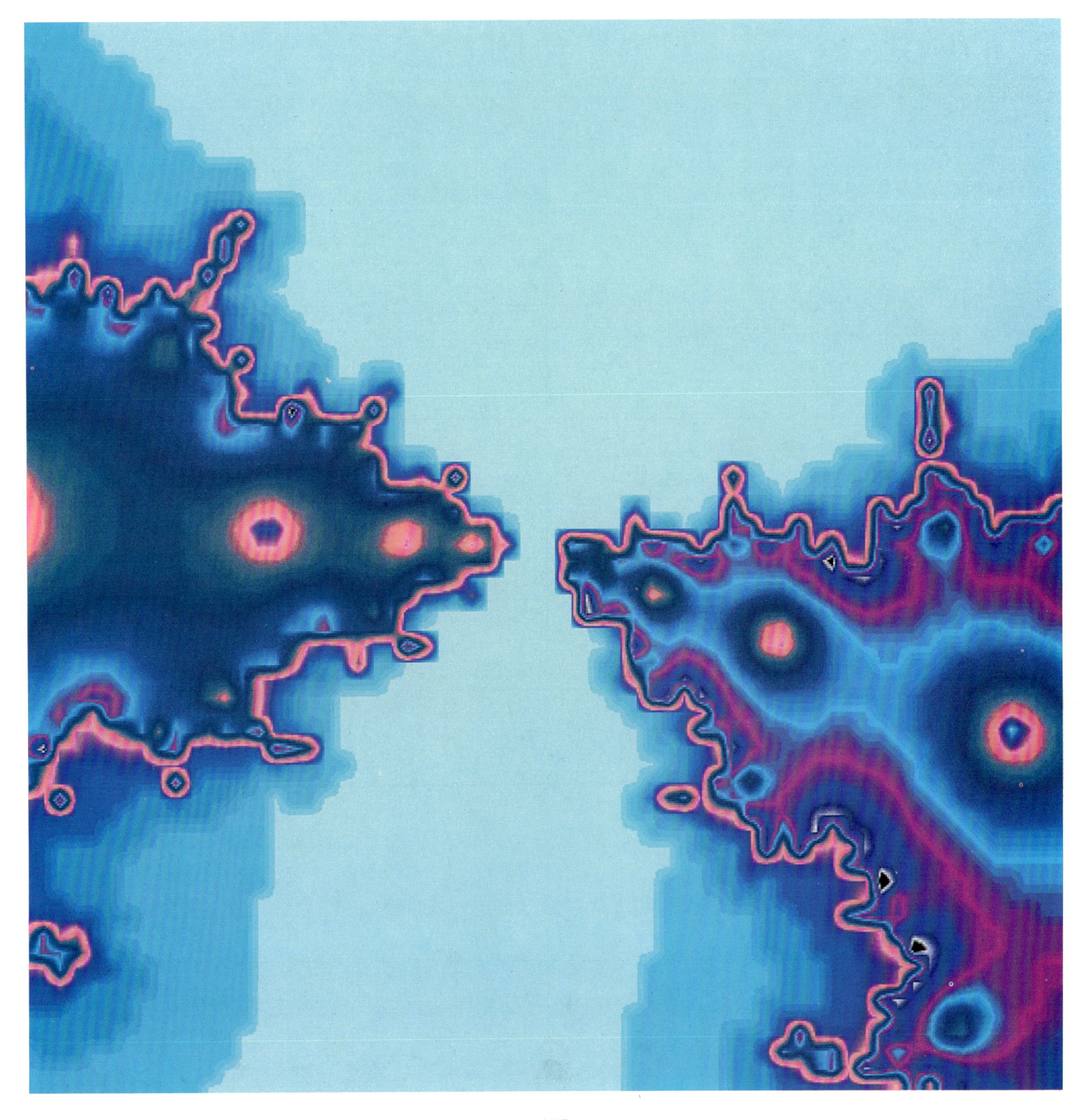

DIE „UNWIRKLICHEN" ZAHLEN

Rechnen mit imaginären Größen – für den Außenstehenden ist damit stets ein wenig Zauberei verbunden. Im Mathematikunterricht erfährt der Student, daß dafür die normalen Rechenregeln zuständig sind, doch wenn er sie anwendet, geschieht das oft mit einem gewissen Zögern. Es bleibt das unangenehme Gefühl, daß bei alledem etwas Geheimnisvolles beteiligt ist, das er nicht verstanden hat.

Diese Unsicherheit zeigt sich auch in der Geschichte. Im Gegensatz zu manchen anderen mathematischen Erkenntnissen, die innerhalb kurzer Zeit akzeptiert wurden, stritten sich die Mathematiker über dreihundert Jahre lang über die „sophistischen Größen" – so wurden sie von einigen Mathematikern des 16. Jahrhunderts, etwa Cardano (1545) und Bombelli (1572), genannt. Sie gehören zu den ersten, die Rechengesetze dafür formulierten, doch die Unsicherheit diesen gegenüber blieb bestehen. Noch im 18. Jahrhundert sprach Gottfried Wilhelm Leibniz (1646–1716) von „jenem Wunder der Analysis, einer Mißgeburt der Ideenwelt, einem Doppelwesen fast zwischen Sein und Nichtsein". Und Christian Wolff (1716) meinte, die imaginären Zahlen würden „in der Mathematik geduldet, weil sie wie andere eingebildete Sachen sonderlichen Nutzen im Erfinden haben". Anfang des 19. Jahrhunderts bemühte sich Carl Friedrich Gauss (1777–1855) um die Eingliederung der imaginären Größen in das Arbeitsfeld der Mathematik. Er schrieb (1825) „Der wahre Sinn des –1 steht mir mit großer Lebendigkeit vor der Seele, aber es wird schwer sein, ihn in Worte zu fassen, die immer nur ein vages, in der Luft schwebendes Bild geben können". Die Arbeiten von Gauss fanden jedoch keineswegs ungeteilten Beifall bei seinen Kollegen, und der Streit ging mit Hilfe von Briefen und Publikationen weiter.

Die Bemühungen um eine geometrische Veranschaulichung imaginärer Zahlen reicht bis ins 16. Jahrhundert zurück, doch ließ die brauchbare Deutung, die auch heute noch benutzt wird, bis auf die Jahre um 1790 auf sich warten. Da etwas, was man grafisch darstellen kann, längst nicht mehr so rätselhaft erscheint wie etwas, das man lediglich durch Symbole erfaßt, begann damit die Entzauberung dieses reizvollen Gebiets der Mathematik. Sie wurde durch logische Überlegungen (W. R. Hamilton und Johann Bolai, 1837) abgeschlossen – „komplexe Zahlen", wie der heute gebrauchte, etwas allgemeiner gefaßte Begriff heißt, erweisen sich als „geordnete Zahlenpaare", für die im großen und ganzen die bekannten arithmetischen Rechenregeln gelten. Eine völlige Entmystifizierung ist damit freilich noch nicht gelungen. Den meisten Gymnasiasten, die mit ihnen Bekanntschaft machen, erscheinen sie so geheimnisvoll wie eh und je, und selbst Physiker und Techniker, die sie erfolgreich bei ihren Berechnungen anwenden, sind sich nicht völlig im klaren darüber, ob nicht doch ein wenig Zauberei dahintersteckt.

Der Weg zu den „Komplexen Zahlen" ist durch die Geschichte vorgezeichnet. Es gibt nämlich eine ganze Reihe von Problemen, die zwangsweise zu ihnen führen. Das historische Beispiel ist die Gleichung dritter Ordnung. Schon die alten Griechen hatten damit zu tun, als sie die Kantenlänge a eines Würfels von gegebenem Volumen v auszurechnen versuchten. Die zu Grunde liegende Gleichung lautet:

$v = a^3$.

Später richtete sich das Interesse auf ähnliche doch in allgemeinerer Form ausgedrückte Beziehungen, wie

$y = ax^3 + b$.

Zur Lösung dieser Gleichung sind einige prinzipiell einfache Umformungen nötig. Die Mathematiker der klassischen Zeit stießen dabei allerdings auf ein Hindernis, das zunächst gewaltiges Kopfzerbrechen verursachte, später allerdings zum Begriff der komplexen Zahlen führte: Wurzeln aus negativen Zahlen, beispielsweise $\sqrt{-4}$ oder $\sqrt{-11}$. Faßt man $\sqrt{-4}$ als Produkt aus $\sqrt{-1}$ und $\sqrt{4}$ bzw. $\sqrt{-11}$ als Produkt aus $\sqrt{-1}$ und $\sqrt{11}$ auf, dann reduziert sich die allgemeine Fragestellung auf einen Begriff, und zwar die Wurzel aus –1. Später setzte man für diese Größe, die man die ‚imaginäre Einheit' nannte, das Symbol i, womit natürlich im Grunde genommen nichts gewonnen ist als ein wenig Zeitersparnis; prinzipiell kann man i stets durch $\sqrt{-1}$ ersetzen.

Was bedeutet nun $\sqrt{-1}$? Wenn man darüber nachdenkt, möchte man den Aussagen der Mathematiker früherer Jahrhunderte zustimmen, die von „sophistisch" oder „unmöglich" sprachen. Was bei mathematischen Problemen weiterhilft, ist aber nicht unbedingt die Deutung, sondern eher die Frage, ob es für eine Größe definierbare Rechenregeln gibt. Nun, eine Rechenregel für i ist sicher bekannt, und zwar:

$$i^2 = -1.$$

Daraus ergeben sich weitere durchführbare Rechnungen für imaginäre Zahlen:

$$i^3 = -i, \quad i^4 = 1 \text{ usw.}$$

Damit ist die Grundlage für die Multiplikation imaginärer Größen gegeben – eine Multiplikation $\sqrt{-4} \sqrt{-11}$ bedeutet kein Problem mehr:

$$\sqrt{-4}\sqrt{-11} = i^2\sqrt{11} = -\sqrt{11}.$$

In ähnlicher Weise läßt sich die Addition erfassen; naheliegenderweise gilt:

$$\sqrt{-4} + \sqrt{-11} = i\ (2 + \sqrt{11}).$$

In ähnlicher Weise gelangt man zur Subtraktion und Division und verfügt damit über die bekannten arithmetischen Rechenoperationen. Wenn hier der Beweis ihrer Gültigkeit auch noch aussteht, so kann man sie zweifellos zunächst einmal probeweise benutzen und kommt dabei erstaunlicherweise zu richtigen Ergebnissen. In diesen müssen übrigens keine imaginären Zahlen mehr enthalten sein, vielmehr gibt es Beispiele – etwa die Lösungen von Gleichungen dritter Ordnung –, wo sich über den Umweg über imaginäre Zahlen reelle Resultate gewinnen lassen.

Wie schon erwähnt, bedeutete die grafische Interpretation der imaginären Zahlen einen wichtigen Schritt zum besseren Verständnis. Da sie im Zusammenhang mit sinnvollen Aufgaben der Mathematik, Naturwissenschaft und Technik stets zusammen mit den bisher bekannten ‚normalen' Zahlen auftreten, ist es praktisch, beide zusammen zum Begriff der komplexen Zahlen zusammenzufassen. Ein Beispiel dafür ist:

$$a + ib$$

wobei a und b ‚normale' Zahlen sind.

Auch für diese Größen kann man die üblichen Rechenarten anwenden, wobei man in der Regel wieder komplexe Größen erhält. Die Addition verläuft dann folgendermaßen:

$$(a + ib) + (c + id) =$$
$$(a + c) + i\ (b + d).$$

Und ähnliches gilt für die Multiplikation:

$$(a + ib)\ (c + id) =$$
$$ac - bd + i\ (ad + bc).$$

Ein Beispiel für den Fall, daß die Rechnung mit komplexen Zahlen zu einem Ergebnis ohne Imaginäranteil führt, ist folgende Multiplikation:

$$(a + ib)\ (a - ib) = a^2 - b^2.$$

Offenbar unterscheiden sich die beiden zur Multiplikation benutzten komplexen Zahlen nur durch ein Vorzeichen; Ausdrücke dieser Art werden als „konjugiert komplex" bezeichnet.

Wie man bemerkt, sind alle anderen bisher bekannten Zahlen als Spezialfall der komplexen Zahlen aufzufassen, und zwar als komplexe Zahlen mit den Imaginärteil Null. Das legt es nahe, sie als Erweiterung des Zahlenbegriffs anzusehen. Im Grunde genommen steht nichts dagegen, Erweiterungen dieser Art beliebig fortzuführen, solange die Grundregeln der Mathematik berücksichtigt werden. Das alles wurde erst auf eine feste theoretische Basis gestellt, als man begann, die Mathematik von einem höheren Standpunkt aus, und zwar als Spezialgebiet der Logik, zu untersuchen. Es war David Hilbert (1862–1943), der im Jahr 1900 allgemeingültige Regeln für die sogenannten reellen Zahlen angab. Im Sinn der Wissenschaftstheorie sind es Axiome – nicht weiter beweisbare Regeln, die man als Basis weiterer Überlegungen akzeptiert. Auf diese Weise gelingt es, die Mathematik als reine Geisteswissenschaft zu etablieren, also ohne Rückgriff auf Erfahrungen oder Erscheinungen unserer natürlichen Welt. Für Naturwissenschaft und Technik bleibt es allerdings von grundlegender Bedeutung, daß die so festgelegten mathematischen Prozesse auf natürliche Erscheinungen anwendbar sind. Man kann es auch anders ausdrücken: ...daß sich bestimmte Aspekte aus Natur und Technik mit Hilfe der Mathematik beschreiben lassen.

Die „unwirklichen" Zahlen

Die „unwirklichen" Zahlen

Die „unwirklichen" Zahlen

Die von Hilbert angegebenen allgemein gefaßten Rechenregeln sehen folgendermaßen aus:

a + (b + c) = (a + b) + c

a + b = b + a

a (bc) = (ab) c

a (b + c) = ab + ac

(a + b) c = ac + bc

ab = ba.

Wenn man für a, b und c die Zahlen unseres täglichen Gebrauches einsetzt, dann erweisen sich diese Regeln als gültig, ja noch mehr: als selbstverständlich. In dieser allgemeinen Betrachtungsweise können für die verwendeten Buchstaben allerdings auch Größen ganz anderer Art stehen, und das, was wir als symbolische Angabe für die Addition und Multiplikation ansehen, kann eine ganz andere Art der Verknüpfung sein – es kommt nur darauf an, daß diese Gesetze formal gelten. Versucht man einmal, sie nicht für Einzelzahlen, sondern für Zahlengruppen anzuwenden, dann zeigt sich, daß das nicht mehr zutrifft.

Bei den komplexen Zahlen allerdings sind sie erfüllt; es läßt sich sogar zeigen, daß diese die allgemeinsten mathematischen Gebilde sind, die den Rechenaxiomen gehorchen. Daraus folgt auch die Tatsache, daß man im Rahmen üblicher Rechnungen (jener, bei denen die aufgeführten Axiome gültig sind) mit den bekannten Zahlenarten auskommt.

Die Notwendigkeit, den Zahlenbegriff im Laufe der Geschichte Schritt für Schritt zu erweitern, ergab sich aus der Tatsache, daß sich bestimmte Rechenoperationen als nicht unbeschränkt ausführbar erweisen. Geht man von den natürlichen Zahlen 1, 2, 3 usw. aus, dann zwingt die Subtraktion dazu, einen neuen Zahlenbereich einzuführen, der auch Negativzahlen erfaßt; man kommt so zu den ganzen Zahlen.

Auch die ganzen Zahlen lassen bestimmte Rechnungen nicht ohne weiteres zu. So führt die Division, wenn der Zähler nicht ein Vielfaches des Nenners ist, zu den Brüchen; ganze Zahlen und Brüche zusammengenommen ergeben die Menge der rationalen Zahlen.

Die bisher vollzogenen Schritte bereiten wohl heute auch einem Nichtmathematiker keine gedanklichen Schwierigkeiten mehr. Das trifft für den nächsten Schritt nicht mehr ohne weiteres zu: den Übergang von den rationalen zu den reellen Zahlen. Es stellt sich nämlich heraus, daß bestimmte Rechenoperationen, unter anderem das Wurzelziehen, zu Ergebnissen führen, die sich mit Hilfe der rationalen Zahlen nicht wiedergeben lassen. Man kann sie mit Hilfe von Brüchen annähern, doch niemals mit hundertprozentiger Genauigkeit erfassen. Bekannte Beispiele für nichtrationale Zahlen sind die zur Berechnung des Kreisumfangs aus dem Radius nötige Zahl Pi, üblicherweise mit dem griechen Buchstaben π abgekürzt: π = 3,141592653..., oder die Zahl e, den Mathematikern als Basis der natürlichen Logarithmen bekannt.

Das Bildungsgesetz läßt sich leicht angeben:

$$e = 1 + \frac{1}{1} + \frac{1}{2} + \frac{1}{2\cdot 3} + \frac{1}{2\cdot 3\cdot 4} + \frac{1}{2\cdot 3\cdot 4\cdot 5} + \ldots$$

Diese Summierung müßte bis ins Unendliche fortgesetzt werden, und da das nicht möglich ist, muß man sich mit einem Näherungsergebnis begnügen:

e = 2,718281828...

Mit reellen Zahlen hat sich schon der griechische Mathematiker Eudoxos (ungefähr 408 bis 355 v. Chr.) beschäftigt, doch erst im 19. Jahrhundert wurden sie mit modernen Methoden theoretisch erfaßt. Als Hilfsmittel dazu dient unter anderem der sogenannte Limes, was mit ‚Grenzwert' übersetzt werden kann. In der Mathematik bezeichnet man damit eine Zahl, zu deren genauer Berechnung man genaugenommen unendlich viele Rechenoperationen einsetzen müßte: ein Prozeß, der sich nicht durchführen läßt. Und dennoch, wie sich beweisen läßt, sind aufgrund einer solchen Fiktion exakte mathematische Ableitungen möglich; die gesamte Differential- und Integralrechnung beruht auf diesem Begriff.

Das Ziehen von Wurzeln führt schließlich auch noch zur letzten Erweiterung, zu den komplexen Zahlen – wie bereits beschrieben wurde. Sie bestehen aus einem reellen und einem imaginären Teil. Der Unterschied wird durch das Zeichen i gekennzeichnet, durch den zugleich eine absolute Trennung vollzogen wird.

Die „unwirklichen" Zahlen

Was auch immer über verschiedenste Umformungen hinweg geschieht – stets bleibt die absolute Trennung bestehen. Das legt eine moderne, zahlentheoretische Auffassung von den komplexen Zahlen nahe, die man heute als „geordnete Zahlenpaare" versteht. Mit dem ‚Zahlenpaar' ist natürlich der reelle und der imaginäre Teil gemeint. Mit ‚geordnet' wird ausgesagt, daß es eine feste Reihenfolge gibt, die beiden Teile also nicht vertauschbar sind. (Diese Festlegung ist nötig, da es in der modernen Mathematik, insbesondere in der Gruppentheorie, aus mehreren Zahlen bestehende Einheiten gibt, deren Reihenfolge jedoch beliebig ist.) Der Ausdruck ‚komplex' deutet daraufhin, daß die dadurch definierte Zahl nicht einfach, sondern zusammengesetzt ist, die Kennzeichnung ‚imaginär' hat allerdings ihren besonderen Charakter verloren; man könnte die beiden Teile auch anders unterscheiden, beispielsweise durch das Vorsetzen der Zeichen x und y. Das, was es zu verstehen gibt, ist somit nur ein nüchterner Formalismus, und alle geheimnisvollen Beziehungen, die der Begriff des ‚Imaginären' nahelegt, sind verschwunden.

Ein weiterer entscheidender Beitrag zur sachlichen Auffassung war die grafische Interpretation der komplexen Zahlen. Darum hatte sich schon im 17. Jahrhundert ein Mathematiker bemüht – John Wallis (1616–1703) –, doch seine Resultate waren nicht überzeugend, und noch 1759 hielt D. F. de Foncenex eine geometrische Darstellung für prinzipiell unmöglich, und zwar „... weil das Imaginäre selbst etwas Unmögliches ist". Schon einige Jahre später, 1786, gelang H.-D. Truel eine brauchbare geometrische Interpretation. Die auch heute noch übliche Darstellungsart stammt von Caspar Wessel (1745–1818), der nicht nur die komplexen Zahlen selbst, sondern auch die vier Grundrechenarten Addition, Multiplikation, Subtraktion und Division grafisch beschrieb.

Die Methode der Veranschaulichung stützt sich auf eine Zahlenebene, auf ein Koordinatensystem, in dem nach rechts der reelle, nach oben der imaginäre Teil aufgetragen wird. Eine komplexe Zahl wird dann durch einen Punkt in der „komplexen Ebene" wiedergegeben. Entsprechend den bekannten Rechenregeln läßt sich leicht ableiten, welche grafischen Umsetzungen ihnen entsprechen. Bei der Addition erscheint als Ergebnis jener Punkt, der sich durch Addition der einzelnen Koordinaten ergibt. Bei der Subtraktion geschieht das entsprechende. Diese Situation erinnert an die weithin bekannte Vektorrechnung: Die Spitze des Pfeils zeigt auf einen Punkt, der sich (soweit wir in der Ebene verbleiben) durch zwei Koordinatenangaben beschreiben läßt. Vom höheren Standpunkt einer zahlentheoretischen Betrachtung aus besteht zwischen beiden Größen, den Vektoren und den komplexen Zahlen, eine enge Verwandtschaft.

Lassen sich auf diese Weise komplexe Zahlen auch durch Pfeile – eben jene Vektoren – darstellen, so legt das eine weitere Möglichkeit ihrer Beschreibung nahe. Sie entspricht dem Wechsel vom rechtwinkeligen Koordinatensystem zu den sogenannten Polarkoordinaten. Prinzipiell gilt, daß zur Festlegung eines Punktes in der Ebene ein Zahlenpaar nötig ist, doch welches Maßsystem man dazu verwendet, steht einem frei. Bei den rechtwinkeligen Koordinaten benutzt man die Abstände von den Achsen, bei den Polarkoordinaten benutzt man den Abstand r vom Nullpunkt und den Winkel zwischen Pfeil und der x-Achse, gegen den Uhrzeigersinn gemessen.

Die „unwirklichen" Zahlen

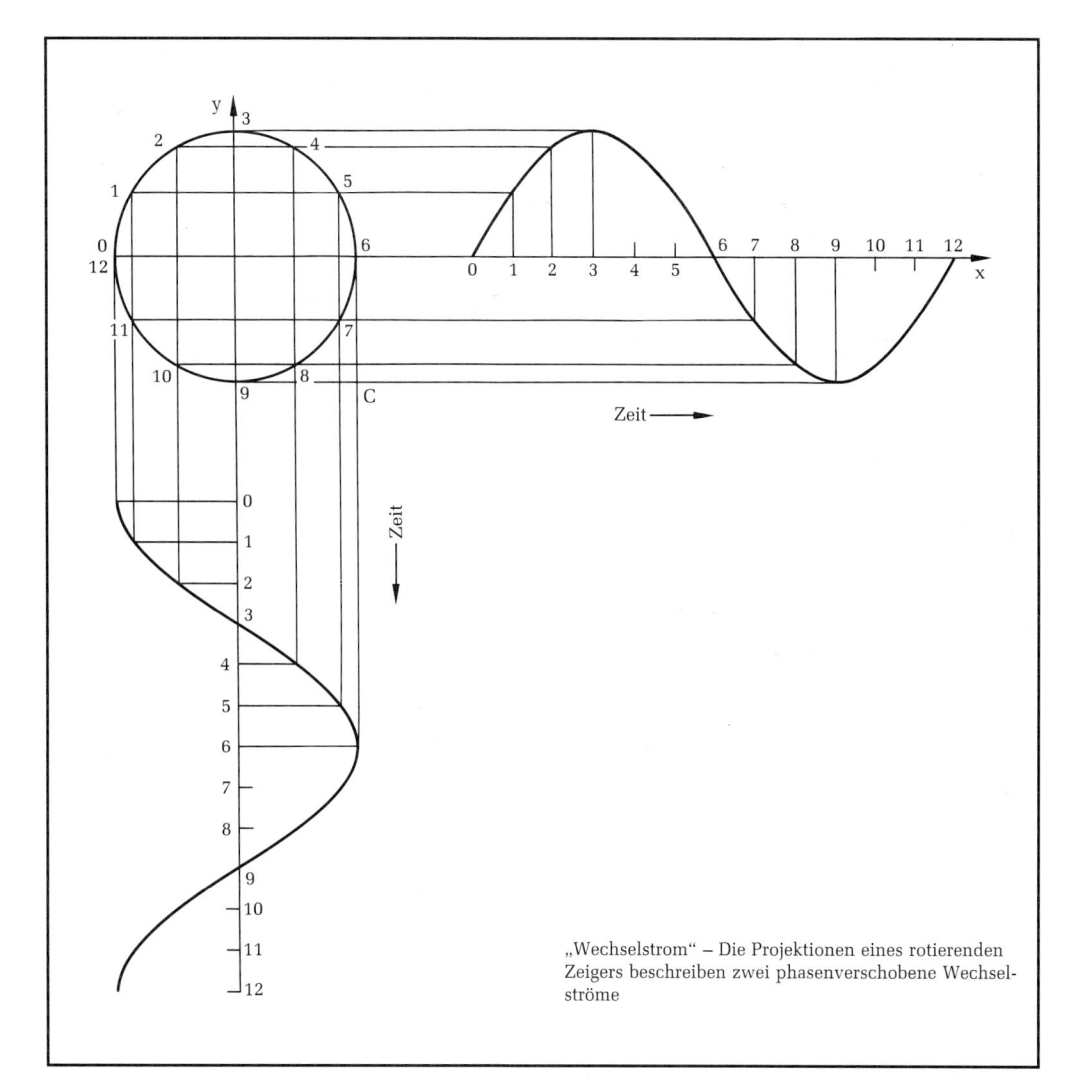

„Wechselstrom" – Die Projektionen eines rotierenden Zeigers beschreiben zwei phasenverschobene Wechselströme

Es ist nun ohne weiteres möglich, die Angaben, die rechtwinkeligen und Polarkoordinaten, gegenseitig umzurechnen. Dazu bedarf es der trigonometrischen Funktionen, die in diesem Buch nicht weiter behandelt werden, und deshalb seien die dazu nötigen Formeln ohne weitere Erklärungen angegeben:

$$r = \sqrt{x^2 + y^2}$$
$$\alpha = \arctan \frac{y}{x}$$

Umkehrung: $x = r \cos \alpha$
$y = r \sin \alpha$.

Aus ihnen ergibt sich nämlich die grafische Nachbildung der Multiplikation und der Division zweier komplexer Zahlen. Drückt man, wie oben angegeben, zwei komplexe Zahlen in Polarkoordinaten aus

$a + ib = r (\cos \alpha + i \sin \alpha)$
$c + id = s (\cos \beta + i \sin \beta)$,

dann folgt daraus für die Multiplikation:

$(a + ib)(c + id)$
$= rs \left[(\cos \alpha \cos \beta - \sin \alpha \sin \beta) + i (\cos \alpha \sin \beta + \sin \alpha \cos \beta)\right]$.

Nun folgt eine Umformung mit einer bekannten Formel der Trigonometrie:

$\sin \alpha \cos \beta + \cos \alpha \sin \beta = \sin (\alpha + \beta)$
$\cos \alpha \cos \beta - \sin \alpha \sin \beta = \cos (\alpha + \beta)$

Daraus ergibt sich das Resultat der Multiplikation:

$(a + ib)(c + id)$
$= rs \left[\cos (\alpha + \beta) + i \sin (\alpha + \beta)\right]$.

Das ist nun wieder eine komplexe Zahl mit dem Realteil

$rs \cos (\alpha + \beta)$

und dem Imaginärteil

$rs \sin (\alpha + \beta)$.

Um das Resultat einer Multiplikation zwei komplexer Zahlen zu erhalten, sind die Längen der Einzelvektoren zu multiplizieren und ihre Winkel zu addieren:
In ähnlicher Weise ergibt sich daraus durch Umkehrung die Division.

Die „unwirklichen" Zahlen

Die „unwirklichen" Zahlen

Grafische Darstellung einer komplexen Zahl

Grafische Veranschaulichung der Addition zweier komplexer Zahlen

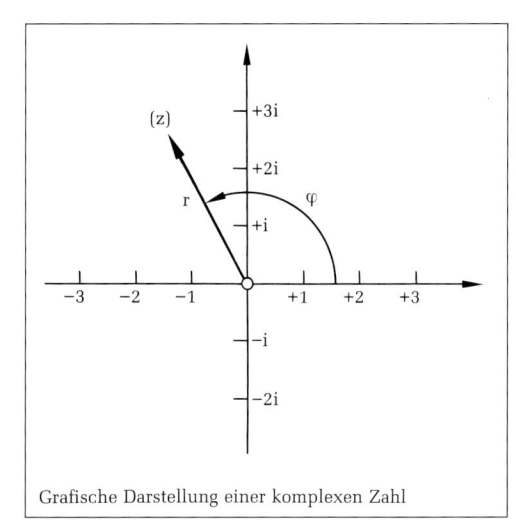

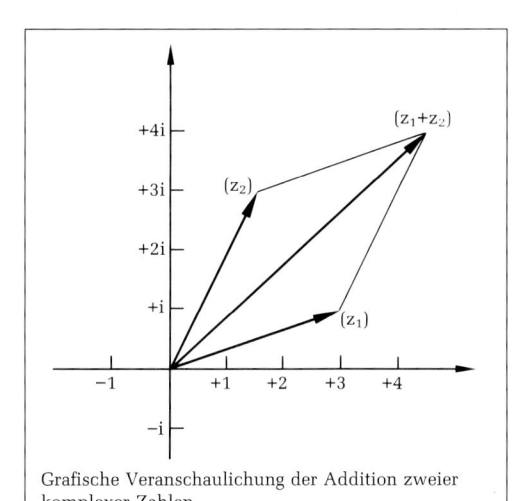

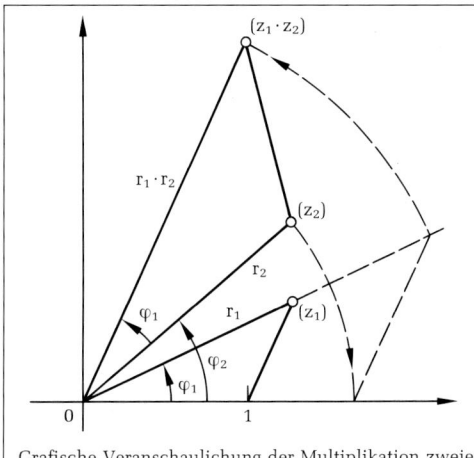

Grafische Veranschaulichung der Multiplikation zweier komplexer Zahlen

Die grafische Interpretation der komplexen Zahlen erwies sich als brauchbares Hilfsmittel bei der Lösung schwieriger Fragen. Zu diesen gehörte in der Mitte des 18. Jahrhunderts auch die Frage der Logarithmen negativer Zahlen, womit sich unter anderem Johann Bernoulli (1667–1748) und sein Schüler Leibniz beschäftigten. Den von ihnen vertretenen Ansichten traten andere Gelehrte entgegen, unter anderem Jean Baptiste d'Alembert (1717–1783). Erst im Jahr 1747 konnte Leonhard Euler (1707–1783) in einer Abhandlung eine umfassende Theorie darstellen und alle Einwände entkräften. Als er das seinem alten Lehrer Bernoulli mitteilte, soll dieser geantwortet haben, daß er nun zufrieden sterben könne, weil damit die über Jahrzehnte hinweg währende Kontroverse zwischen den Fachleuten beendet sei.

Damit hatten sich die komplexen Zahlen von einem Ärgernis oder Kuriosum, je nachdem, zu einem nützlichen Bestandteil der Mathematik gewandelt. Zunächst wurden die Zusammenhänge besser durchleuchtet, wobei sich mehrere seltsam anmutende Ergebnisse fanden, darunter die folgenden Zusammenhänge, die ohne weitere Beweise angeführt seien:

$$2 \cos x = e^{ix} + e^{-ix}$$

oder

$$\log i = \frac{\pi}{2} i$$

oder die berühmte Eulersche Formel

$$i^i = e^{-\frac{\pi}{2}}.$$

Damit war auch der Weg für verschiedenste Anwendungen im Bereich der Mathematik geöffnet, und heute sind die Gebiete, in denen sich komplexe Zahlen bewährt haben, kaum noch zu übersehen. Das gilt, um nur einige zu nennen, für die Lösungen von Gleichungen höheren Grades, für die Theorie der Differentialgleichungen, für die Differentialgeometrie und für die Funktionentheorie.

Auch in vielen Teilen der Physik und Technik haben komplexe Zahlen Eingang gefunden. Manchmal stößt man bei der Lösung mathematischer Probleme von selbst darauf, in anderen Fällen findet man in ihnen ein Mittel, um bestimmte Erscheinungen möglichst übersichtlich darzustellen. Ein Beispiel dafür ist die Theorie der Wechselströme. Das, was in elektrischen Schaltungen geschieht, läßt sich in recht umfassender Weise durch das Zusammenwirken wellenförmiger Schwingungen beschreiben. Dazu eignet sich etwa die Sinusfunktion, die ja auch auftritt, wenn sich ein Vektor um den Nullpunkt eines Koordinatensystems herum dreht und man daraus die Projektionen berechnet. Sieht man diesen Vektor als grafischen Ausdruck einer komplexen Zahl an, dann wird das Verhalten der Wechselströme auf einmal leicht erfaßbar. Im Grunde genommen sind es nur wenige einfache Prinzipvorgänge, die es zu berücksichtigen gilt und die sich durch Veränderung des Ausschlags und der Phase (der Verschiebung des Wellenzuges in der Zeit) äußern. Genau diese Vorgänge lassen sich aber durch die Grundrechnungsarten der komplexen Zahlen abbilden und auf diese Weise einfach und schlüssig berechnen.

Ein weiteres Gebiet, in dem sich komplexe Zahlen bewährt haben, ist jenes der Abbildungen oder Transformationen. Zu den bevorzugten Anwendungsgebieten gehören die Strömungslehre und die Feldtheorie, wie sie insbesondere bei der Erfassung elektrischer und magnetischer Zustände wichtig sind. In diesem Bereich ist wieder einmal der Begriff des Feldes wichtig, die Verteilung bestimmter Größen, beispielsweise der Strömungsgeschwindigkeit oder elektrischen Spannung, über einen gegebenen Raum oder eine Ebene. In vielen Fällen läßt sich das Problem auf die Frage zurückführen, wie sich ein bestimmtes Feld unter dem Einfluß veränderter Bedingungen verformt. Bei der Ermittlung dieser Verformung bewährt sich eine besondere Klasse von Transformationen, die sich gerade mit Hilfe von komplexen Zahlen gut darstellen lassen, die sogenannten konformen Abbildungen (siehe Kapitel „Mathematische Ornamente"). Man braucht dazu nichts anderes zu tun, als jeden Koordinatenwert mit einer komplexen Zahl zu multiplizieren. Dabei werden die den einzelnen Punkten zugeordneten Werte, die das Feld beschreiben, unverändert übertragen. Man erhält auf diese Weise eine andere Feldverteilung, die aber, wie sich beweisen läßt, mit den physikalischen Gesetzen im Einklang steht, also eine Lösung des betreffenden Problems darstellt. Zu den Aufgaben, die auf diese Weise gelöst wurden, gehören auch jene der Strömung um einen Doppelflügel und der Potentialverteilung um einen elektrischen Dipol.

Eben diese mit Hilfe komplexer Zahlen veranlaßten Transformationen sind auch grafisch höchst interessant. Dabei läßt sich insbesondere die Tatsache verwerten, daß bei der Multiplikation komplexer Zahlen eine Addition der Winkel auftritt. Dieses Prinzip konnten wir gezielt anwenden, um vorgegebene Bilder zu verdrillen, was den Formenschatz der Spiralen erschließt. In Grunde genommen gehen wir dabei genauso vor wie die Physiker bei der Verformung eines Feldes in einer Situation veränderter Randbedingungen. Wir brauchen also eine Art Feldfunktion, für die wir auf diese Weise eine neue Verteilung erreichen. Dafür bieten sich jene Bilder an, die wir mit mathematischen Funktionen oder auch mit Zufallsgeneratoren herstellen können. Dabei stellt sich heraus, daß die angewandte Transformation am besten zur Geltung kommt, wenn das Ausgangsbild möglichst einfach ist.

Die Umsetzung läßt sich nun auf zwei etwas verschiedene Arten durchführen. Entweder man geht vom Originalbild aus und berechnet für jeden Bildpunkt die zugehörige Position im transformierten Bild; oder man geht von der zunächst noch leeren Bildfläche des transformierten Bildes aus und sucht für jeden Bildpunkt den zugehörigen Bildpunkt im Original. Zunächst könnte man meinen, daß auf diese Art dasselbe Ergebnis herauskommt, in Wirklichkeit ergibt sich aber ein wichtiger Unterschied: Bei der zweiten Methode bildet sich nämlich auch die Struktur des Koordinatennetzes ab, so daß im Ergebnis zusätzlich zur Feldverteilung eine Art Netz auftritt. Beides zusammen, die meist kontinuierlich angelegte Farbverteilung und das grafisch reizvolle Netz, führen zu bemerkenswerten Ergebnissen.

Im Gegensatz zu manch anderen Gebieten der Mathematik, für die symmetrische Bilder charakteristisch sind, ergibt die Methode der Transformation mit komplexen Zahlen eine ganz andere Art mathematischer Ordnung, in der sich auf der einen Seite die angewandten Rechenprozesse spiegeln, die auf der anderen Seite aber auch die Ausdrucksskala freier künstlerischer Gestaltung erheblich erweitern.

Die „unwirklichen" Zahlen

MATHEMATISCHE ORNAMENTE

Als wichtigste Aufgabe der Computergrafik sieht man die Erzeugung von Bildern an. Ein Beispiel ist der computerunterstützte Entwurf, meist als CAD (Computer Aided Design) bezeichnet, wobei es vielfach um die Konstruktion von Maschinenteilen oder um den Entwurf von Autokarosserien geht. Während man sich früher mit Konstruktionsplänen begnügte, den bekannten Grund- und Aufrissen der technischen Zeichner, so bietet das computergrafische System heute die Möglichkeit, von den betreffenden Objekten zusätzlich auch noch perspektivische Ansichten zu zeigen. Aus diesen Aufgaben heraus ergeben sich weitere Möglichkeiten des Einsatzes computererzeugter Bilder, die höhere Ansprüche an die Qualität stellen. Es sind vor allem die Werbung und die Filmindustrie, die an fotorealistischen Darstellungen interessiert sind, zum einen von Produkten, die sich in der Gestaltungsphase befinden, zu anderem von Szenen und Landschaften, die es in Wirklichkeit nicht gibt – Anforderungen, wie sie vor allem der phantastische und utopische Film stellt.

Bilder dieser Art sind so aufsehenerregend, daß man andere Anwendungen der Computergrafik oft übersieht, dazu gehört auch die grafische Bildverarbeitung (Picture Processing).

Im Gegensatz zum computerunterstützten Design greift man hier auf schon vorhandene Bilder zurück, die es zu untersuchen, vielleicht auch zu verbessern gilt. Aufgaben dieser Art stellen sich unter anderem bei der Auswertung von Aufnahmen, die von Flugzeugen oder Satelliten aus gewonnen wurden. Manchmal ist es nötig, sie zu entzerren, um sie einer Landkarte anzupassen, und damit ist auch schon ein wichtiger Bereich der Bildverbesserung angesprochen: die Anwendung sogenannter mathematischer Transformationen, die zu einer maßstabgetreuen Darstellung führen und es weiterhin ermöglichen, Teilbilder zu größeren Übersichten mosaikartig zu vereinigen. Eine Verbesserung der Aufnahmen erweist sich aber auch dann als nötig, wenn diese flau, kontrastarm, fleckig oder auf andere Art fehlerbehaftet sind, wie es bei zur Erde heruntergefunkten Aufnahmen von Satelliten oft der Fall ist. Früher hat man eine Verbesserung der Bilder mit fotografischen Methoden versucht; so gelingt es beispielsweise im Laboratorium auf fotochemischem Weg, die Kontraste zu erhöhen oder unerwünschte Helligkeitsschwankungen auszugleichen. Auch zur besseren Auswertung wurden fotochemische Methoden herangezogen. Ein bekanntes, wenn auch nicht mehr aktuelles Beispiel ist das Pseudofarbenbild nach der Äquidensitentechnik, mit der es auf etwas umständlichem Weg gelingt, Schwarzweißbilder in Farbdarstellungen umzuwandeln.

Manchen Wissenschaftlern und Technikern erscheint diese Verwendung von Farben überflüssig, und sie haben insofern recht, als es dadurch nicht gelingt, mehr Information zu erhalten, als das Grauwertbild enthält. Der unmittelbare Vergleich zeigt aber, daß es dem menschlichen Auge viel leichter fällt, durch Farben abgegrenzte Details zu erkennen und zu unterscheiden, als das bei Grauwerten der Fall ist. Die Einfärbung ist somit zweifellos ein wirkungsvolles Hilfsmittel der visuellen Bildinterpretation.

Die elektrische, insbesondere die computerunterstützte Methode eröffnet völlig neue Dimensionen der Bildverarbeitung. Insbesondere können nun auch die verschiedensten Rechenverfahren zur Bildauswertung und -korrektur herangezogen werden. Auf diese Weise wird das, was früher mühsam im Fotolabor vollzogen wurde, zu einer leicht praktizierbaren Routinemethode, und außerdem ergibt sich eine ganze Fülle weiterer Einflußmöglichkeiten auf Bilder, die auf fotochemischem Weg prinzipiell nicht möglich sind. Dazu gehört die Eliminierung unerwünschter Überlagerungen – etwa jener, die durch atmosphärische Störungen in Funkbildern entstehen.

Im Zusammenhang mit digitaler Bildtransformation fällt oft der Name eines französischen Mathematikers, und zwar der von Jean Baptiste Joseph Fourier (1786–1830).

Grundfunktion sin x

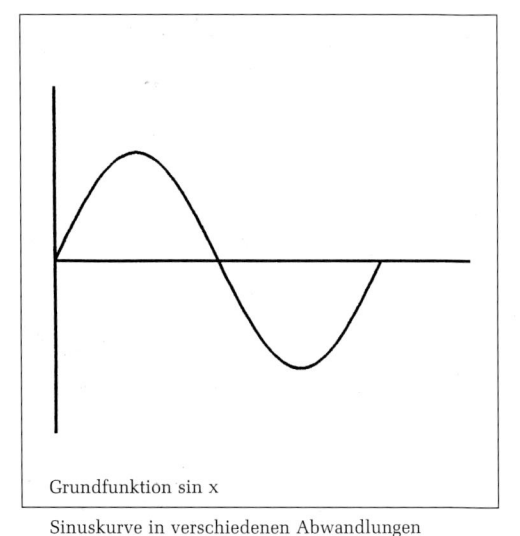

Phasenverschiebung sin (x + 40°)

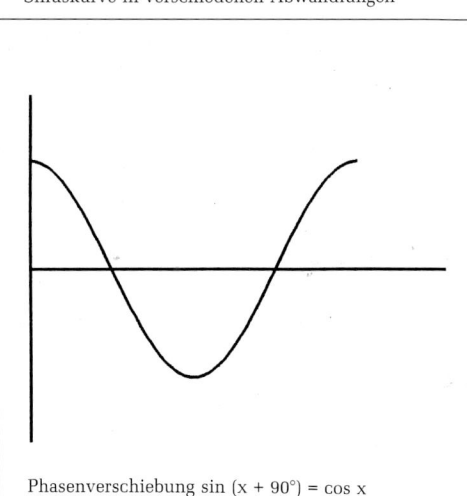

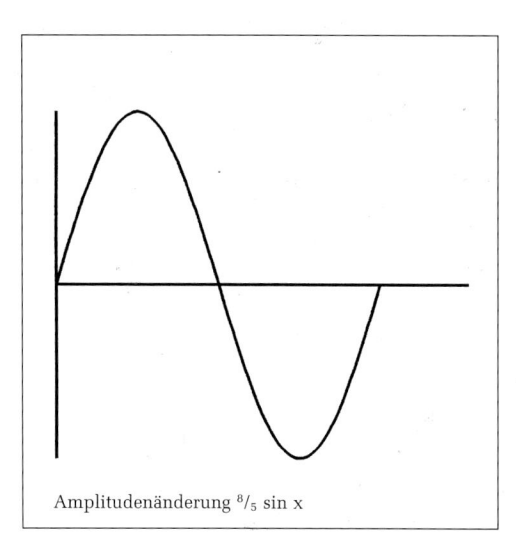

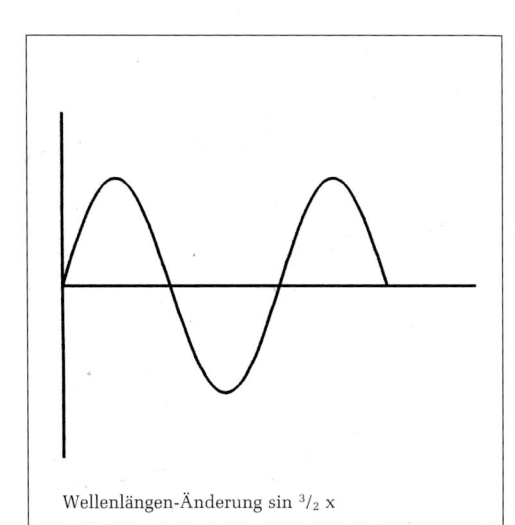

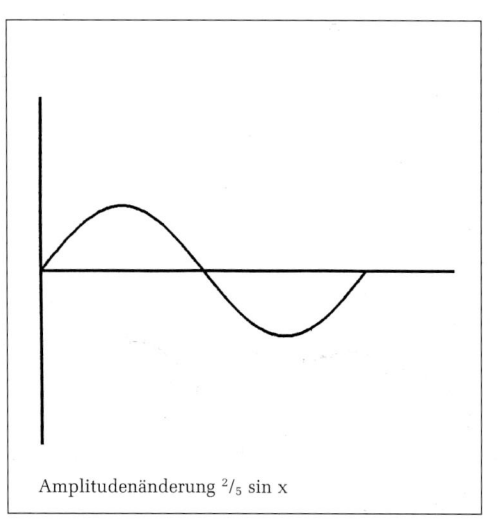

Sinuskurve in verschiedenen Abwandlungen

Phasenverschiebung sin (x + 90°) = cos x

Amplitudenänderung $^8/_5$ sin x

Wellenlängen-Änderung sin $^3/_2$ x

Amplitudenänderung $^2/_5$ sin x

Wie man nachlesen kann, hat er sich speziell mit trigonometrischen Reihen beschäftigt; er konnte beweisen, daß sich jede beliebige Funktion durch die Überlagerung von Sinus- und Cosinusfunktionen annähern läßt. Diese Erkenntnis bedeutete eine große Überraschung für seine zeitgenössischen Mathematikerkollegen, und sie führte dazu, daß der Begriff der Funktion neu definiert werden mußte.

Die neue mathematische Methode gewann aber auch praktische Bedeutung; die Fouriersche Zerlegung von periodischen Verläufen, auch harmonische Analyse genannt, gehört heute zu den Grundkenntnissen von Akustikern, Optikern, Kristallografen und Elektrotechnikern. Es lohnt sich, auf die von Fourier aufgedeckten Zusammenhänge etwas näher einzugehen.

Bekanntlich setzen sich viele mathematische Ausdrücke aus Summanden zusammen; schon die einfache Gerade y = ax + b ist ein Beispiel dafür. Ist die Aufgabe gestellt, Funktionen dieser Art in Bilder umzusetzen, dann kann man von dieser Möglichkeit der Zerlegung Gebrauch machen, beispielsweise indem man zuerst die Funktionen y = b und y = ax einzeln darstellt und dann die beiden y-Werte zusammenzählt. Diese Methode ist übrigens auch recht gut dafür geeignet, bestimmte Eigenschaften von Kurven zu erkennen. Nicht nur Polynome lassen sich auf diese Weise zerlegen, sondern auch Funktionen von zwei Veränderlichen; auf diese Weise gelingt es unter anderem, Raumkurven als zusammengesetzte Gebilde darzustellen.

Mathematische Ornamente

Beispiel für die Zusammensetzung einer Rechteckkurve aus Cosinuswellen

Die bekanntesten trigonometrischen Funktionen sind die Sinus- und Cosinusfunktion: Wellenlinien von besonderem mathematisch beschriebenen Regelmaß. Im Grunde genommen haben beide den gleichen Verlauf, nur führt die Sinusfunktion durch den Nullpunkt, während die Cosinusfunktion an der Stelle x = 0 den Wert 1 annimmt und spiegelsymmetrisch zur y-Achse verläuft.

Wie sich leicht einsehen läßt, kann man die genannten trigonometrischen Funktionen durch eine Maßstabsänderung in zweierlei Weise verändern. Im ersten Fall betrifft das den maximalen Ausschlag der Welle, die sogenannte Amplitude, im anderen Fall die Wellenlänge. Wenn man eine Wellenlinie ohne Formveränderung in Richtung der x-Achse verschiebt, spricht man von ‚Phasenverschiebung'. Verschiebt man sie um eine ganze Welle, dann geht die Kurve in sich selbst über; Kurven mit dieser Eigenschaft bezeichnet man als ‚periodisch'.

Der von Fourier gefundene Satz lautet folgendermaßen: Jede periodische Funktion läßt sich durch Überlagerung (Addition) von Sinus- und Cosinusfunktionen verschiedener Wellenlängen nachbilden. Er trat auch den Beweis dafür an, den wir hier, da er mathematisch recht anspruchsvoll ist, nicht wiedergeben können. Aber immerhin ist es möglich, diese überraschende Tatsache an einigen ausgewählten Bilddarstellungen zu beweisen.

Mathematische Ornamente

Wie man sieht, gelingt der Aufbau einer Funktion aus Wellenlinien sogar dann, wenn diese Ecken aufweisen, wenn sie also, wie der Mathematiker sagt, ‚unstetig' ist; gerade diese Feststellung bedeutete damals, im 18. Jahrhundert, eine Überraschung.

Damit stehen dem Mathematiker zwei auf dem gleichen Prinzip beruhende Methoden zur Verfügung, und zwar eine, die es ihm erlaubt, jede vorgegebene periodische Funktion in elementare Schwingungsanteile zu zerlegen, und eine, die es ihm ermöglicht, durch Überlagerung von Wellenlinien jede beliebige Funktion aufzubauen. Die Ausdrücke „Überlagerung" und „Schwingung" deuten auf physikalische Anwendungen hin, und tatsächlich ist die Schwingungsanalyse ein Spezialgebiet, in dem sich die Fourier-Analyse besonders bewährt. So lassen sich auch Klänge, die ja nichts anderes als Schallschwingungen sind, durch geeignete physikalische Anordnungen in elementare Schwingungsanteile zerlegen. Das geschieht beispielsweise dadurch, daß man eine Reihe von schwingungsfähigen Einheiten, sogenannte Resonatoren, von denen jede nur auf eine bestimmte Frequenz anspricht (z. B. Stimmgabeln), dem Schall aussetzt und die Stärke des Mitschwingens mißt. Die Lautstärke wird durch die Amplitude beschrieben, so daß man nun zusammen mit der Frequenz die für das einzelne Schallphänomen charakteristischen Kenngrößen zur Verfügung hat. Die genannte, aus Resonatoren bestehende Anlage ist zugleich auch ein Modell für die Art und Weise, wie unser Ohr den Schall aufnimmt und verarbeitet; und in der Tat wissen wir aus eigener Erfahrung, daß wir Überlagerungen von Schwingungen aus zwei verschiedenen Frequenzen nicht als einheitliche Erscheinung, sondern als mehrstimmig empfinden – eine Tatsache, die jedoch keineswegs selbstverständlich ist. Im Gegensatz dazu ist das Auge nicht imstande, gegebene Farbüberlagerungen in ihre Bestandteile zu zerlegen, also etwa Orange als Überlagerung von Gelb und Rot zu erkennen.

Hat man es mit einem rein mathematischen Problem zu tun, dann kann man sich den Umweg über ein Experiment ersparen und die zum Zusammensetzen der Funktion benötigten Schwingungen nach Frequenz und Amplitude berechnen. Auch dafür hat Fourier ein Verfahren gefunden: Die Angaben für die Amplituden ergeben sich durch einigermaßen umständliche Summationen, doch im Zeitalter des Computers sind es Routineaufgaben, die sich leicht bewältigen lassen.

Die Beschränkung des Fourierschen Satzes auf periodische Funktionen mag zuerst als unangenehme Einschränkung erscheinen. Durch einen einfachen Trick läßt sich jedoch die Anwendung erheblich erweitern. Wenn man sich in der Praxis mit Funktionen beschäftigt, dann ist man meist sowieso nur an einem gewissen Ausschnitt interessiert und nicht am gesamten Verlauf zwischen minus und plus unendlich. Greift man nun diesen Ausschnitt heraus, dann läßt sich leicht eine periodische Ersatzfunktion aufbauen, und zwar dadurch, daß man den betreffenden Ausschnitt längs der x-Achse verschiebt und beliebig oft anfügt. Dadurch wird der Verlauf periodisch, und nichts spricht mehr dagegen, die Fouriersche Methode anzuwenden.

Neben der Akustik erweist sich die Optik als ein Gebiet, in dem die Fouriertheorie nützlich ist. Das liegt vor allem daran, daß sich beide mit Erscheinungen beschäftigen, die sich als Schwingungen äußern. Schall, wie wir ihn mit den Ohren aufnehmen, ist ja nichts anderes als eine Erscheinung von schwingender Luft, und Licht, auf das unsere Augen ansprechen, erweist sich als elektromagnetisches Schwingungsphänomen. In beiden Fällen spielt die Überlagerung von Wellen eine ganz entscheidende Rolle. Dabei ist Licht lediglich ein Spezialfall; zu den elektromagnetischen Wellen gehören auch Radiowellen und Röntgenstrahlen.

Wirkungsweise von Fourierfilterungen

Über die Röntgenstrahlung führt eine Verbindung zu den Kristallen, und zwar deshalb, weil diese geeignet sind, einen darauf gerichteten Röntgenstrahl zu einer interessanten, für Wellen typischen Erscheinung zu veranlassen. Es handelt sich um sogenannte Interferenz (siehe Kapitel „Moiré – das Abbild der Wellen"). Die Erscheinung, um die es hier geht, läßt sich auf einer Fotoplatte auffangen, die man lichtdicht verschlossen in den Strahlengang stellt, denn Röntgenstrahlen sind imstande, die Verpackung zu durchdringen. Nach der Entwicklung zeichnet sich darauf normalerweise ein Fleckenmuster ab.

Der nach diesem Schema verlaufende Versuch spielte in der Geschichte der Physik eine tragende Rolle. Auf der einen Seite war es dadurch gelungen, die Zusammensetzung von Kristallen aus regelmäßig angeordneten elementaren Teilchen nachzuweisen. Auf der anderen Seite bedeutete das Gelingen des Experiments aber auch die Bestätigung dafür, daß Röntgenstrahlen aus Wellen zusammengesetzt sind. Im Grunde genommen handelt sich um eine Beugungserscheinung, wie sie auch sichtbares Licht an Linien- oder Punktrastern zeigt. Der Unterschied besteht nur darin, daß wir es beim Kristallgitter mit einem submikroskopischen, räumlichen, aus Teilchen bestehenden Raster zu tun haben, und daß der Beugungseffekt nur dadurch zustande kommen kann, daß die Wellenlänge der Röntgenstrahlung von derselben Größenordnung ist wie der Abstand der Teilchen im Kristallgitter. Beides, die sogenannte Kristallkonstante wie auch die Wellenlänge der Röntgenstrahlen, läßt sich auf diese Weise messen.

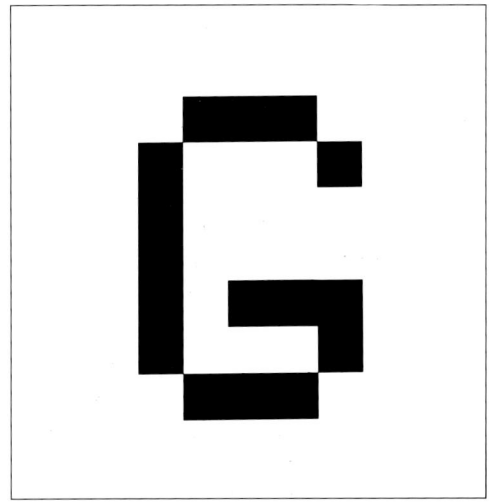

Original

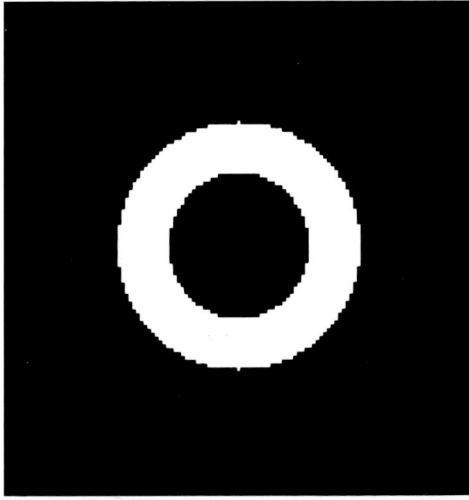

Filter I

Ergebnis 1

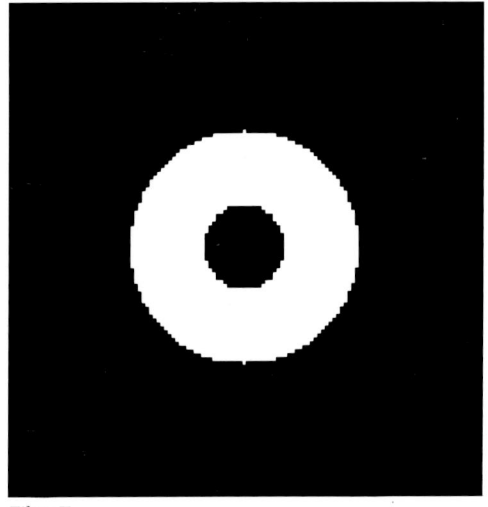

Filter II

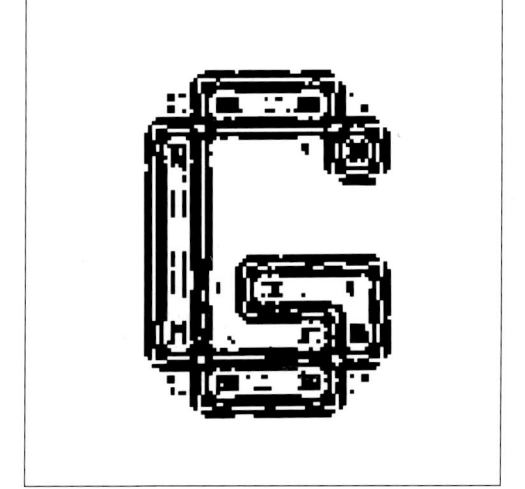

Ergebnis 2

Mathematische Ornamente

Mathematische Ornamente

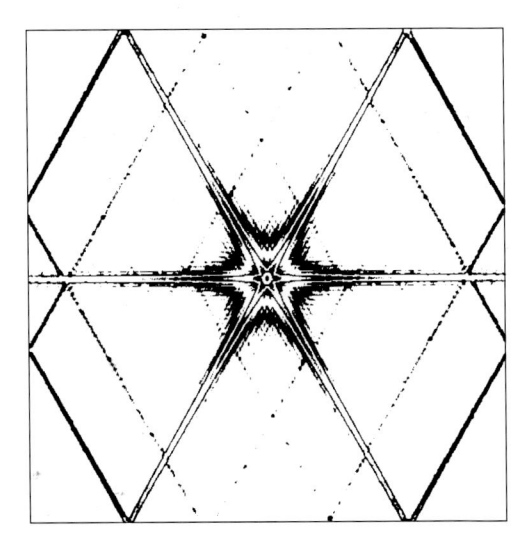

Fouriertransformationen

Die Methode der Kristalluntersuchung mit Röntgenstrahlen, die sogenannte Strukturanalyse, entspricht der Analyse des Schalls durch harmonische Analyse. Ein wesentlicher Unterschied liegt allerdings darin, daß der Schall ein lineares – in eine Richtung laufendes – Phänomen ist, während sich die Anordnung der Teilchen im Kristall in drei räumliche Richtungen erstreckt. Aber auch das ist keine grundlegende Schwierigkeit, es stellt sich heraus, daß sich Fourieranalyse und -synthese ohne weiteres auf zwei, drei oder auch mehr Dimensionen erweitern lassen. Daß der Berechnungsaufwand dadurch steigt, bedarf wohl keiner besonderen Betonung.

Röntgeninterferenzen, die sich auf einem Stück Film abzeichnen, sind ein nach den Regeln der Fouriertheorie erzeugtes Bild. In der Tat kann man das Punktmuster des Röntgenstrukturdiagramms als eine Art Bild der Kristallstruktur ansehen. Es handelt sich aber um keine normale Abbildung, die räumliche Zusammenhänge wiedergibt, sondern um eine recht abstrakte bildliche Umsetzung.

Mit Hilfe von Berechnungen – eine weitere Anwendung der Fouriertheorie – ist es möglich, die räumliche Anordnung aufgrund des Interferenzbildes zu rekonstruieren. Das hört sich ein wenig umständlich an; wenn man allerdings berücksichtigt, daß es sich um räumliche Anordnungen im Mikrobereich handelt, die sich jedem mikroskopischen Zugriff entziehen, dann wird die Bedeutung dieser Methode klar.

Diese Methode, die auf den sogenannten Fouriertransformationen beruht, hat nun auch in der Bildverbesserung große Bedeutung gewonnen.

Rein schematisch gesehen berechnet man von jenem Bild, das es zu verbessern gilt, ein fouriertransformiertes Bild, führt in diesem bestimmte Veränderungen aus und transformiert es schließlich wieder zurück. Der Fachmann weiß natürlich genau, wie er in das transformierte Bild eingreifen muß, um bestimmte Fehler zu eliminieren.

Die Zerlegung von Computerbildern in Fourierkomponenten ist zwar rechenaufwendig, läßt sich aber mit leistungsfähigen Computern als Routineaufgabe vollziehen. Die Rechnungen sind nicht zuletzt deshalb etwas langwierig, weil Bilder als flächenhafte Objekte aus einer großen Anzahl von Bildpunkten bestehen. Die Periodizitäten, um die es geht, sind solche der Bildstruktur, im Prinzip also Wiederholungen von dunklen und hellen Stellen in Richtung der x-Achse und der y-Achse.

Im Prinzip kommt es nun darauf an, Zeile für Zeile jene Sinus- und Cosinuswellen zu finden, aus denen sich der Grauwertverlauf entlang der Linien zusammensetzen läßt – wie schon erwähnt ein mathematisches Problem. Als Ergebnis der Analyse erhält man – wieder Zeile für Zeile in x- und y-Richtung – die Amplituden der beteiligten Sinuswellen. Da das Computerbild aus einzelnen Bildpunkten besteht und keine stetige Funktion im Sinne der Mathematik ist, kommt man mit einer endlichen Zahl von Wellenlängen aus. Auch hier läßt sich leicht einsehen, daß die kleinste Wellenlänge jene ist, die der Bildauflösung entspricht.

Ornamentale Alphabete –
Beispiele für Filterungen mit Fouriertransformation

Mathematische Ornamente

Mathematische Ornamente

Als einfache Art der bildlichen Darstellung bietet es sich nun an, den Wellen die zugehörigen Amplituden im Sinne eines Diagramms Zeile für Zeile, Spalte für Spalte zuzuordnen. Einigt man sich allerdings darauf, die Amplituden nicht in ein Koordinatensystem einzutragen, sondern als Grauwerte zu beschreiben, dann ergibt sich eine bestechend einfache Möglichkeit der grafischen Darstellung. Das kann etwa dadurch geschehen, daß wir den x-Werten die Wellen in x-Richtung und den y-Werten die Wellen in y-Richtung zuschreiben. Jeder Bildpunkt bezieht sich dann auf ein Paar von Wellenlängen. Ein Bild entsteht daraus erst durch die Eintragung der zu jedem Wellenlängenpaar gehörigen Amplitude, die durch einen Grauwert, bei Zuordnung einer Farbskala auch durch einen Farbton, gekennzeichnet ist. Der Genauigkeit halber sei gesagt, daß man aus praktischen Gründen nicht die Amplitude selbst, sondern deren Quadrat aufträgt, was in der Physik einem der Schwingung zugeordneten Energiewert entspricht.

Die auf diese Weise entstehenden Bilder sind erstaunlich genug. Es ergibt sich eine unüberblickbare Vielfalt verschiedenster Formen, an denen die komplizierten Symmetrieverhältnisse auffällig sind. Das ist auch der Grund dafür, daß wir diese Darstellungen als „Mathematische Ornamente" bezeichnen.

In die hier vorgelegten Ergebnisse von Fouriertransformationen sind nicht nur positive, sondern auch physikalisch bedeutungslose negative Frequenzen eingetragen. Der Grund dafür liegt in der mathematischen Darstellungsweise, die einen negativen Frequenzbereich bedingt. Dabei werden den negativen Frequenzen dieselben Amplitudenwerte zugeordnet wie den positiven, so daß das entstehende Grauwertbild jede Angabe doppelt enthält. Die übliche Darstellung, die nur positive Frequenzen berücksichtigt, findet man nur im rechten oberen Quadranten, während der links unten liegende in bezug auf den Koordinatenursprung gespiegelt ist. In entsprechender Weise ist der rechts unten liegende Quadrant ein Spiegelbild des links oben liegenden. Aus dieser Situation geht hervor, daß ein Teil der in den Bildern auftretenden Symmetrien durch die benutzte Methode und nicht durch geometrische Merkmale der Originalvorlage verursacht ist. Im Grunde genommen könnte man sich zur Auswertung mit einer Hälfte der transformierten Darstellung begnügen, doch ist die hier gewählte Methode der Wiedergabe auch in Mathematik und Physik üblich. Das liegt weniger an den daraus entspringenden ästhetischen Qualitäten als an der Tatsache, daß auf diese Weise prägnantere Formen entstehen, die die Übersicht erleichtern. Treten außer der erwähnten Punktspiegelung noch andere Arten von Symmetrie auf, dann sind sie echte Aussagen über die Struktur des Ursprungsbildes. Ist dieses aus kleineren Einheiten aufgebaut, dann ist der Anteil kleiner Wellenlängen in der transformierten Darstellung größer, was sich durch höhere Grauwerte am Bildrand äußert. Auch das Auftreten bestimmter Einheitsmaße im Ursprungsbild, beispielsweise durch mehrfach auftretende gleich große Elemente oder Stufen, ist in der transformierten Darstellung gut zu erkennen; die Bildfläche erscheint durch Linien hoher Grauwerte unterteilt, die den dazugehörigen Wellenlängen entsprechen.

Der Zusammenhang zwischen Vorlage und Abbild äußert sich offenbar in völlig anderer Weise als bei den geometrischen Transformationen, von denen im Kapitel „Verwandlungsspiele" mehrere Beispiele besprochen wurden. In der künstlerisch orientierten Computergrafik angewandt, führt er zu einer beachtlichen Erweiterung des Formenschatzes. Man kann ihn insbesondere dann gezielt einsetzen, wenn es um die Produktion ornamentaler Figuren geht. Durch die Wahl des Ausgangsbildes kann man Einfluß auf die Symmetrie, auf die Struktur und auf die Unterteilung der Bildebene nehmen. Meist geht man von einfachen, aus Punkten, Linien, Dreiecken oder Quadraten zusammengesetzten Grundfiguren aus, deren Transformation zu erstaunlich komplexen Resultaten führt. Dabei kommt es auf die Größe der Ausgangsfiguren an; setzt man diese relativ klein in die Mitte, dann treten in der transformierten Darstellung vor allem kleine Wellenlängen auf – sie ist am Rand stärker strukturiert als in der Mitte. Durch Veränderung der Größenverhältnisse lassen sich die Schwerpunkte in den transformierten Darstellungen anders verteilen. Auch unregelmäßige Anordnungen von Elementen führen zu grafisch reizvollen Bildern. Man kann das Verfahren wie ein Kaleidoskop einsetzen, um schöne Bilder zu erhalten; darüber hinaus aber ist auch eine gezielte Gestaltung möglich.

Mathematische Ornamente

Mathematische Ornamente

Mathematische Ornamente

Interessante gestalterische Möglichkeiten bietet auch die zweimalige Anwendung der Fouriertransformation, wie sie routinemäßig zur Bildverbesserung eingesetzt wird. Dabei geht es freilich nicht um die Verbesserung vorgegebener Bilder, sondern um die gezielte Veränderung des Ursprungsbildes, wobei ästhetische Gesichtspunkte die vorherrschende Rolle spielen.

Die Bilder dieser Seiten demonstrieren jene Veränderungen, die durch das Herausschneiden ringförmiger Teile aus dem transformierten Bild entstehen. Als Vorlagen dienten aus quadratischen Elementen zusammengesetzte Buchstaben (Seiten 139 und 143); wie die Resultate beweisen, eignet sich die Methode zur Produktion ornamental verzierter Schriften, wobei ein und dieselbe „Filterung" zu einem einheitlich ornamentalen Stil führt. Damit erweist sich die geometrische Figur, die zu Filtern verwendet wird, als ein allgemeines Stilmerkmal. Umgekehrt sollte es möglich sein, durch Fourieranalysen von Zierformen die Einheitlichkeit der verwendeten Stilmittel zu prüfen.

Die ornamentale Kunst spielt in der Geschichte verschiedenster Kulturen eine hervorragende Rolle. Ornamente hatten nicht nur als Verzierungen Bedeutung, sondern auch als eigenständige Kunstwerke. Auch Künstler wie Leonardo da Vinci und Albrecht Dürer haben sich damit beschäftigt. In der modernen Kunstkritik wird das Ornament dagegen eher negativ bewertet – Symmetrie gilt als „Kunst des kleinen Mannes". Zu dieser Meinung haben die Theoretiker des Bauhauses wesentlich beigetragen, jener auf Sachlichkeit orientierten deutschen Künstlergruppe der Jahre zwischen den Weltkriegen, deren Aktivitäten bis in die heutige Zeit hineinwirken. Ihr gehörten so wichtige Persönlichkeiten wie Walter Gropius (1883-1969) und Laszlo Moholy-Nagy (1895-1946) an. Die Anhänger dieser Richtung setzten sich sehr für die Überwindung der Grenzen zwischen Kunst, Handwerk und Technik ein, beispielsweise dadurch, daß sie sich nicht für die sogenannte reine, sondern auch für die angewandte Kunst interessierten. Andererseits vertraten sie einen Purismus, in dem jede Art von Verzierung als Kitsch angesehen wird. Man kann es bedauern, daß dadurch auch die alte Tradition des Ornaments in Verruf geriet und seine Entwicklung unterbunden wurde.

Die Ablehnung der Symmetrie ist sicher auch dadurch bedingt, daß sie als Element der Wiederholung die freie Gestaltung einschränkt. Manche Fachleute halten den Formenschatz der Symmetrie für erschöpft. Wenn diese Annahme richtig ist, dann hätte es in der Tat wenig Sinn, sich weiterhin mit ornamentaler Kunst zu beschäftigen. Nun hat allerdings gerade die moderne Wissenschaft den hohen Rang der Symmetrie in unserer Welt aufgedeckt: Beziehungen, die den Mikrokosmos der Elementarteilchen ebenso betreffen wie die Entwicklung des Universums. Dabei sind ungewöhnliche, in unserer sichtbaren Welt nicht auftretende Arten von Symmetrien bekannt geworden, die auch zur Anregung künstlerischer Arbeit dienen können. Mit dem Computer ist es überdies möglich, auch sehr komplizierte symmetrische Beziehungen zu erfassen (z. B. jene der Fraktals) oder auch neue Verbindungen symmetrischer Gesetzmäßigkeiten mit solchen anderer Art herzustellen, die sich der manuellen Arbeitsweise entzogen. Vielleicht gelingt es auf diese Weise, der uralten Kunst des Ornaments neue Impulse zu verleihen.

Mathematische Ornamente

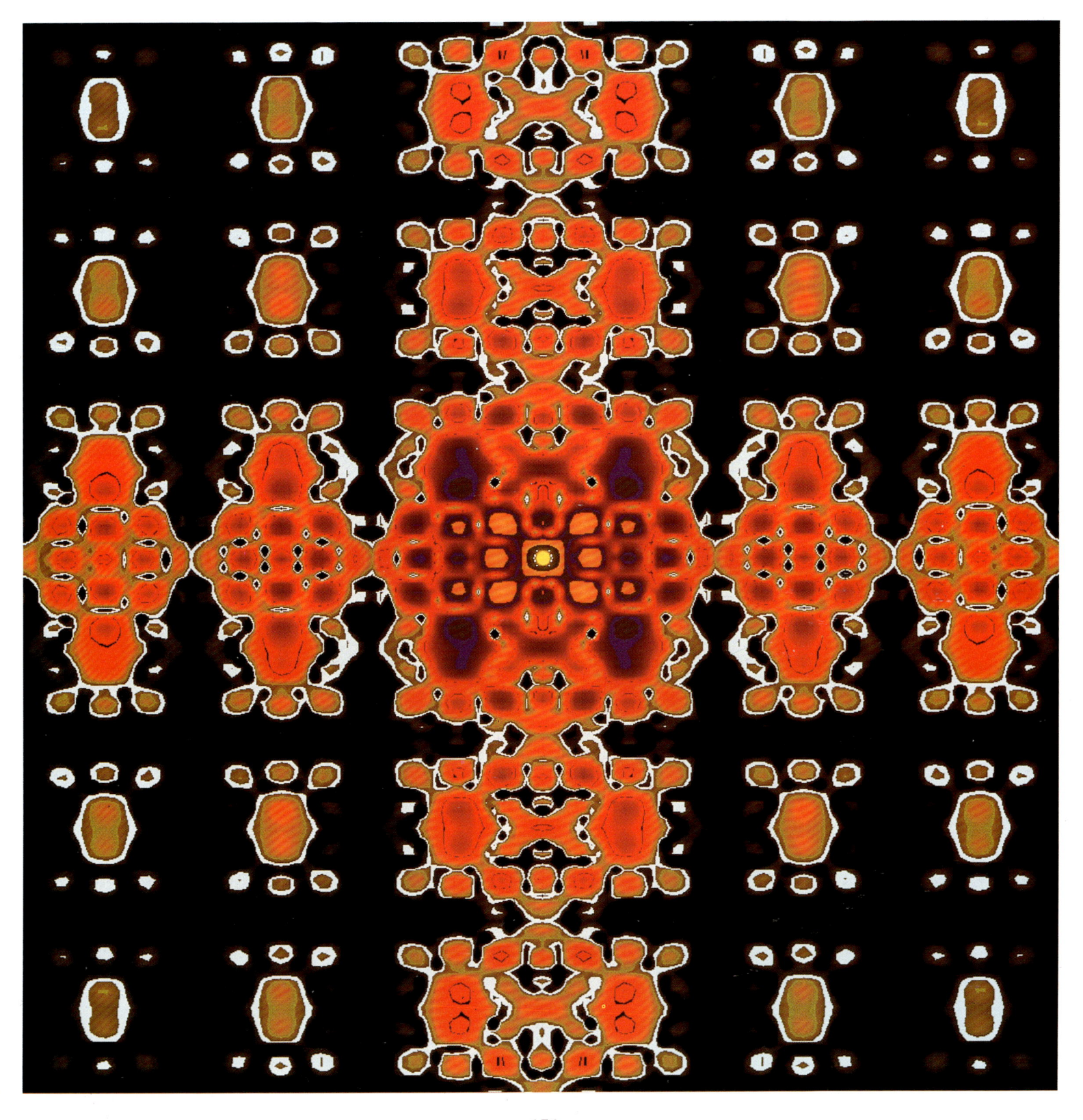

DAS GESETZ DES ZUFALLS

Die Harmonie gilt in vielen philosophischen Lehren als bestimmendes Prinzip unserer Welt. Wie man jedoch aus dem täglichen Leben weiß, gibt es neben der Ordnung auch die Unordnung, das Chaos. Naturwissenschaftler und Philosophen bekennen sich heute eher zu der Meinung, das Unvorhersagbare, die Abweichung von der Gesetzmäßigkeit, sei mindestens ebenso wesentlich wie die strenge, bis ins Detail reichende Ordnung. Der Schritt zur modernen Physik war gleichzeitig der Übergang zur Einsicht, daß es Erscheinungen gibt, die sich dem Gesetz entziehen und allein dem Zufall unterworfen sind. So wesentliche, aber auch unterschiedliche Begriffe wie jener der biologischen Evolution oder des kreativen Einfalls sind nicht im einzelnen vorgegeben, sondern von zufälligen Ereignissen abhängig. Es sind Geschehnisse, die sich prinzipiell jeder auf Regeln fußenden Beschreibung zu entziehen scheinen. Daneben aber haben wir es auch mit Situationen zu tun, die vermutlich durch Gesetzmäßigkeiten bestimmt sind, allerdings solchen, die wir nicht – oder noch nicht – kennen. Wie wir immer deutlicher erkennen, ist das einer strengen Regel gehorchende Ereignis eher die Ausnahme – unser Leben ist in viel stärkerem Maß von Ereignissen abhängig, die sich nicht aus Ordnungszusammenhängen allein ableiten lassen.

Das Gesetz des Zufalls – es klingt paradox, und doch beruht darauf ein ganzer Zweig der Mathematik, der seinerseits wieder vielfache Anwendungen in Physik, Chemie und Biologie findet. Man nennt ihn „Wahrscheinlichkeitsrechnung". Der Anstoß dazu kam von einem leidenschaftlichen Spieler, dem Chevalier de Meré. Er interessierte sich für die gerechte Verteilung des Gewinns bei einem unter besonderen Regeln verlaufenden Spiel und wandte sich an den Mathematiker Blaise Pascal (1623–1666), der bald bemerkte, daß Fragen dieser Art nicht nur beim Glücksspiel, sondern auch in der Wissenschaft bedeutsam sein könnten. Dieser Gedanke sollte sich allerdings erst im 19. Jahrhundert verwirklichen – vorderhand blieb die Wahrscheinlichkeitsrechnung auf die Theorie der Glücksspiele beschränkt.

In der Wahrscheinlichkeitsrechnung hat das zufällige Ereignis grundlegende Bedeutung. Doch wie ist es zu erkennen? Auch heute noch, da die statistische Physik längst zum Unterrichtsstoff der Schulen geworden ist, finden sich die besten Beispiele im Spielsaal. Wer sein Glück mit Spielwürfel oder Rouletterad versucht, wendet – auch ohne Mathematik zu beherrschen – ein nützliches Kriterium an, um seine Chancen abzuwägen. Er achtet darauf, daß auf längere Sicht gesehen alle möglichen Zahlen gleich oft vorkommen, also die Zahlen 1 bis 6 beim Würfel und die Zahlen 0 bis 36 beim Rouletterad. Tritt dagegen irgendeine Zahl öfter auf als alle anderen, dann ist auf einen Betrugsversuch zu schließen.

Daraus ergibt sich ein Kriterium der ‚Gleichverteilung', das auf den gleichen Voraussetzungen für alle Einzelfälle, auf der ‚Chancengleichheit' beruht.

Es ist bemerkenswert, daß in dieses Kriterium eine seltsame Nebenbedingung eingeht, die man als ‚Regel der großen Anzahl' bezeichnet. Sie besagt, daß die Gesetze der Wahrscheinlichkeitsrechnung um so besser gelten, je größer die Anzahl der beteiligten Einzelergebnisse ist. Umgekehrt kann bei kleinen Serien ausgespielter Zahlen sehr wohl die eine häufiger auftreten kann als die andere; darin liegt ja die Chance des Spielers. In der Regel der großen Anzahl dagegen liegt der sichere Verdienst der Spielbank begründet.

Inzwischen haben sich Philosophen und Wissenschaftstheoretiker mit dieser seltsamen Art der Mathematik beschäftigt, in der Gesetze für das Regellose, für den Zufall, formuliert werden. Ein Ereignis, das durch keinerlei Ordnung bestimmt ist ... gibt es das überhaupt? Oder kommt der Eindruck des Zufälligen nur dadurch zustande, daß wir die Regeln nicht kennen?

Anzahl der Würfe: 10

Zahl	Häufigkeit	Abweichung (%)
1	1	40.00
2	3	−80.00
3	1	40.00
4	3	−80.00
5	2	−20.00
6	0	100.00

Anzahl der Würfe: 100

Zahl	Häufigkeit	Abweichung (%)
1	14	16.00
2	16	4.00
3	16	4.00
4	18	−8.00
5	17	−2.00
6	19	−14.00

Anzahl der Würfe: 1000

Zahl	Häufigkeit	Abweichung (%)
1	168	−0.80
2	151	9.40
3	184	−10.40
4	164	1.60
5	174	−4.40
6	159	4.60

Anzahl der Würfe: 10000

Zahl	Häufigkeit	Abweichung (%)
1	1704	−2.24
2	1659	0.46
3	1690	−1.40
4	1608	3.52
5	1661	0.34
6	1678	−0.68

Anzahl der Würfe: 100000

Zahl	Häufigkeit	Abweichung (%)
1	16449	1.31
2	16661	0.03
3	16717	−0.30
4	16872	−1.23
5	16539	0.77
6	16762	−0.57

Anzahl der Würfe: 1000000

Zahl	Häufigkeit	Abweichung (%)
1	167057	−0.23
2	166576	0.05
3	166874	−0.12
4	167104	−0.26
5	166261	0.24
6	166128	0.32

Der Mathematiker kann sich die Sache einfach machen – der Zufall wird postuliert, die Unabhängigkeit der Ereignisse vorausgesetzt; aufgrund dieser Annahmen lassen sich Sätze entwickeln, die das Gebäude der Wahrscheinlichkeitsrechnung begründen. Inzwischen hat sich eine darauf beruhende Statistik herangebildet, aus der alle möglichen Verfahren zur Untersuchung und Berechnung von Zufallsgrößen hervorgegangen sind. Mittelwerte, relative Häufigkeit, Verteilungskurven, repräsentativer Querschnitt, Hochrechnungen ... das sind Begriffe aus dieser Disziplin. Insbesondere liefert sie Rezepte, um herauszufinden, wie groß die Versuchsserien sein müssen, um die Gesetze der Wahrscheinlichkeitsrechnung anwenden zu dürfen. Und sie bietet Testmethoden an, die auf Zusammenhänge zwischen bestimmten Ereignissen, ihre sogenannte „Korrelation", schließen lassen. Ein bevorzugtes Anwendungsgebiet dieser Verfahren ergibt sich bei der Untersuchung von Fehlern, beispielsweise in der industriellen Produktion; als speziell dieser Problematik gewidmetes Teilgebiet der Wahrscheinlichkeitsrechnung ist deshalb die Fehlerrechnung entstanden.

Als Prüfstein der Wahrscheinlichkeitsrechnung erwies sich die statistische Mechanik. Sie ist mit Namen wie Carl Friedrich Gauss (1777–1855) und Simon-Denis Poisson (1781–1840) verbunden und erfuhr einen gewissen Abschluß durch Ludwig Boltzmann (1844–1906).

Die Wende, die zur statistischen Mechanik führte, ist ein geschichtlich bemerkenswertes Ereignis, das nicht nur für die Mathematik, sondern ganz allgemein für die Art und Weise unseres Denkens bestimmend wurde. Damals, Ende des 17. Jahrhunderts, hatte man ganz gewaltige Fortschritte der physikalischen Mechanik zu verzeichnen. Sie sind insbesondere Isaac Newton (1643–1727) zu verdanken, dem es gelang, die gesamte mechanistische Physik auf einem einfachen Satz zurückzuführen: Kraft ist gleich Masse mal Beschleunigung. Wie sich zeigt, bestimmt er das physikalische Verhalten einzelner Körper auf der Erde ebenso wie die Bewegungen der Monde und Planeten des Sonnensystems. Die Erfolge dieser Denkweise waren so enorm, daß man damals glaubte, sämtliche Gesetze der Welt auf der Mechanik begründen zu können – eine Denkweise, die man als ‚mechanistisches Weltbild' bezeichnet. Es gab damals allerdings eine Disziplin, in der man zunächst mit Mechanik wenig anfangen konnte, und zwar die Wärmelehre.

Das Gesetz des Zufalls

Das Gesetz des Zufalls

Das Gesetz des Zufalls

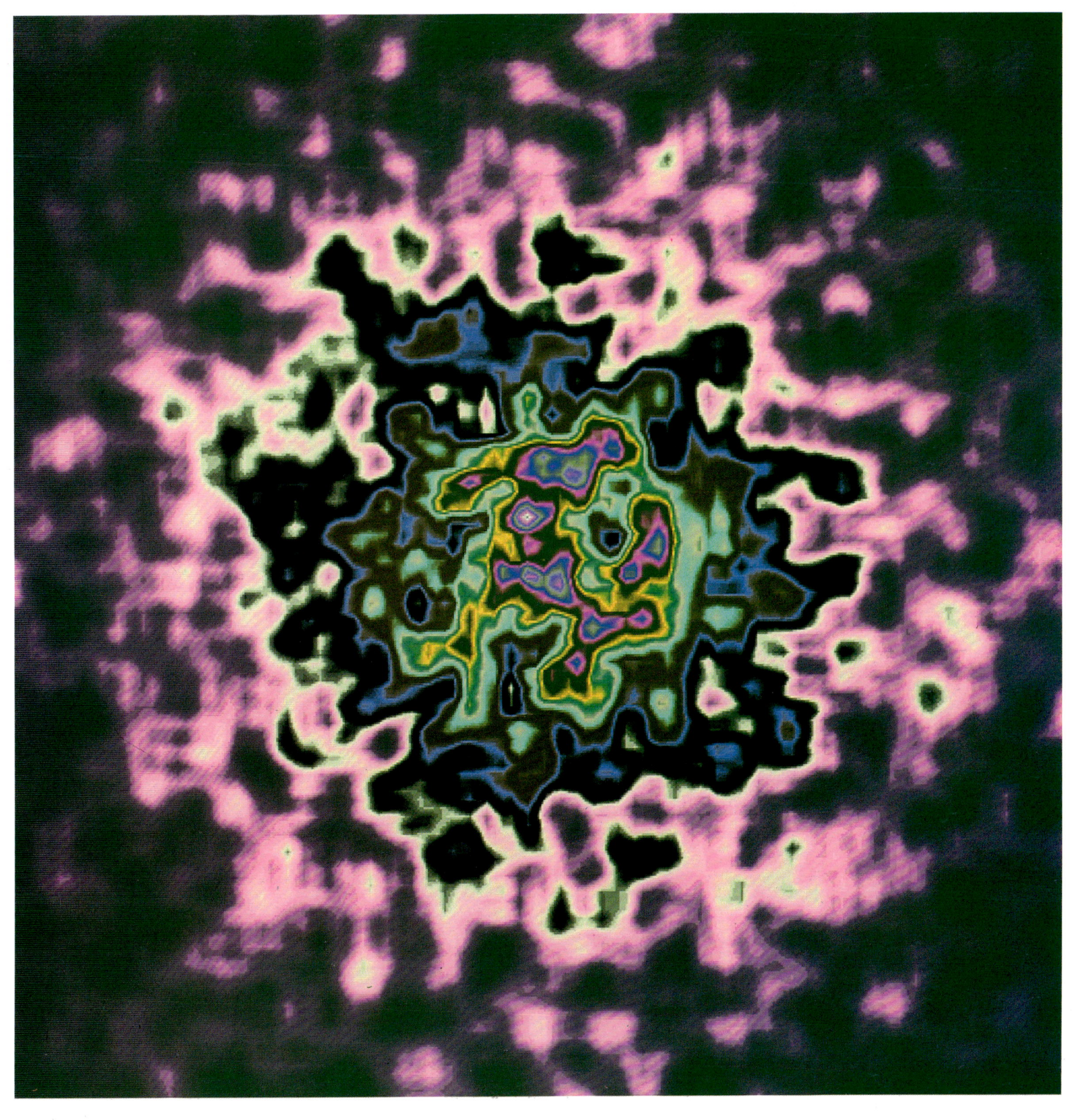

Zu ihrem wichtigsten Beobachtungsmaterial gehörten die Änderungen von Druck und Volumen bei Gasen mit wechselnder Temperatur, für die in weiten Bereichen gültige Gesetzmäßigkeiten bekannt waren. Die dadurch beschriebenen Zusammenhänge waren durch Messungen ermittelt worden – eine theoretische Erklärung stand noch aus. Wenn das mechanistische Weltbild tatsächlich gültig sein sollte, dann mußten sich die Beziehungen zwischen Volumen, Druck und Temperatur – und vieles andere – auf mechanische Erscheinungen zurückführen lassen – vielleicht auf die Bewegung kleinster Teilchen? Erklärungsversuche in dieser Richtung lagen nahe; zwar war es damals nicht möglich, Atome oder Moleküle sichtbar zu machen, doch gab es genügend viele Anzeichen für den Aufbau unserer Welt aus kleinsten Teilchen. So nahm man an, daß Gase aus molekularen Teilchen bestehen, die sich ungeregelt bewegen. Stoßen sie dabei an eine Wand, dann üben sie Druck aus, und wenn man ihre Masse und Geschwindigkeit kennt, dann sollte sich dieser Druck berechnen lassen.

Es war klar, daß man diesem Problem nur durch statistische Methoden beikommen konnte, denn eine Größe wie der Druck mußte ja durch das Zusammenwirken einer großen Anzahl einzelner Teilchen entstehen. Unter der Annahme, daß die Gasmoleküle den Newtonschen Gesetzen der Mechanik folgen, gelang es in der Tat, die Beziehung zwischen der mittleren Geschwindigkeit der Moleküle und dem Druck herzustellen. Das war aber erst der Anfang. Nach und nach wurden sämtliche Größen der Wärmelehre statistisch-mechanisch abgeleitet, so beispielsweise die Temperatur als mittlere Bewegungsenergie der Teilchen. Wie dieses Beispiel zeigt, handelt es sich nicht nur um eine Neuformulierung, sondern eine Vertiefung des Verständnisses. So liefert die statistische Vorstellung u. a. eine anschauliche Erklärung für die Frage nach Grenzwerten der Temperatur. Da Bewegungen beliebig schnell werden können, ist sie nach oben unbegrenzt, doch muß sie einen unteren Grenzwert haben, und zwar dann, wenn keine Bewegung mehr auftritt. Diese tiefste Temperaturgrenze läßt sich berechnen, wobei sich der Wert −273 Grad Celsius ergibt. Experimentell ist es nicht möglich, diesen Wert exakt zu erreichen, doch Näherungen auf einige Hundertstel Grad sind bereits gelungen. Der physikalische Versuch hat also die Theorie bestens bestätigt.

In der Wärmelehre liefert die statistische Methode also ausgezeichnete Resultate. Das liegt nicht zuletzt daran, daß die Erscheinungen, um die es dabei geht, Konsequenzen des Zusammenwirkens einer großen Anzahl von Teilchen sind. Sie sind weit größer, als jene, die normalerweise im Glücksspiel vorkommen, und somit braucht man nicht wie dort mit zufälligen Abweichungen zu rechnen – die Beziehungen gelten praktisch exakt. Trotzdem darf der Physiker nicht vergessen, daß es statistische Größen sind, die im mikroskopischen Bereich nur noch als mehr oder weniger grobe Näherungen gelten müssen. Hängt man in einem weitgehend evakuierten Glasgefäß einen kleinen Folienstreifen auf und beobachtet ihn mit dem Mikroskop, dann bemerkt man, daß er einmal in die eine, dann wieder in die andere Richtung zuckt. Diese Reaktionen rühren von den Stößen einzelner Gasteilchen her, die während ihrer Bewegung die Folie treffen.

Obwohl die statistische Methode zu nennenswerten Erfolgen führte, blieb doch ein unerklärter Rest bestehen: Wieso darf man bei Erscheinungen, die den strengen Gesetzen der Mechanik folgen, die Regeln des Zufalls anwenden? Die Antwort könnte durch kleine Unregelmäßigkeiten und Störungen begründet werden, die praktisch überall auftreten. Sie führen dazu, daß ein geordneter Anfangszustand nach und nach immer mehr in Chaos übergeht.

Das Gesetz des Zufalls

Ein Beispiel ist eine Bewegung vieler Teilchen mit gleicher Geschwindigkeit in gleiche Richtung. Sind diese Moleküle in einem Gefäß eingeschlossen, dann stoßen sie an die Wände, und da diese nie ideal eben sein können, ergeben sich beim Rückprall kleine unkontrollierbare Winkeländerungen. Bei vielfacher Wiederholung werden diese Abweichungen immer größer, bis völlige Unordnung eingetreten ist. Da sich diese Erfahrung auf keine bekannte Regel zurückführen läßt, muß man sie als Grundgesetz anerkennen; in etwas erweiterter Form ist sie als zweiter Hauptsatz der Wärmelehre, als das Gesetz der Entropie, bekannt. Es besagt, daß in jedem sich selbst überlassenen System die Ordnung nicht zunehmen kann. Ludwig Boltzmann (1844–1906) ist es gelungen, diesen Satz in der Ausdrucksweise der statistischen Mechanik anzugeben.

Bei diesem Stand der Erkenntnis, der auf das Ende des vorigen Jahrhunderts zurückgeht, ist es allerdings nicht geblieben. Zwar hatte man den Zufall in die Physik eingeführt, doch lediglich als eine Erscheinung, die sich aus dem Unvermögen exakter Berechnungen und Messungen und den ständig auftretenden Störeinflüssen ergibt. In Wirklichkeit zweifelte niemand am Determinismus, der Vorausbestimmtheit der Welt durch die Naturgesetze. Das änderte sich erst durch den Einbruch der modernen Physik, durch die Quantentheorie. So schwierig es erscheint, die Überlegungen nachzuvollziehen, die dazu geführt haben, so einfach ist das Resultat: In unserer Welt, vor allem in den Mikrodimensionen, gibt es Erscheinungen, die nicht in allen Einzelheiten durch kausale Gesetze bestimmt sind. Ein Beispiel dafür liefern uns die radioaktiven Stoffe: Man kann zwar einen Erwartungswert für den Zeitpunkt des Zerfalls angeben, eine durchschnittliche Lebensdauer, aber das sind statistische Größen – Mittelwerte. Für ein einzelnes Atom läßt sich keine Angabe machen; wann dieses zerfällt, ist völlig unbestimmt.

Bleibt das Chaos auf die Mikrowelt beschränkt, während das makroskopische Geschehen nach wie vor durch das Gesetz bestimmt ist? In Wirklichkeit gibt es keine Trennung zwischen beiden Bereichen, sondern viele und bedeutsame Wechselwirkungen. So können beispielsweise die Bruchstücke eines zerfallenen Atoms ein DNS-Molekül in einem Gen treffen und eine Erbänderung verursachen. Auf diese Art kommt es zur Evolution, zur ständigen Veränderung des Erbgutes und der darauf beruhenden Artenvielfalt – ein weiterer Hinweis darauf, wie wichtig der Zufall auch für unsere lebendige Welt ist. Auch die Frage der Kreativität, der Fähigkeit, Neues hervorzubringen, wird gelegentlich mit Zufallsprozessen im Gehirn in Verbindung gebracht.

Selbst in der modernen Kosmologie spielt der Zufall eine Rolle. Wie es scheint, ist die Welt aus einem Urknall entstanden, aus einem Konzentrat von Masse und Energie, einer ‚Ursuppe‘, in der die Materie keinerlei Zusammenhalt hatte, sondern in elementare Teilchen gespalten war. So wenig man auch darüber weiß, so scheint doch festzustehen, daß die Entwicklung des Kosmos aus diesem relativ einfachen Zustand zu höherer Komplexität führte. Sonnensysteme und Planeten, vor allem darauf wachsendes Leben – das sind Erscheinungen mit höchst komplizierten Wechselwirkungen und daraus resultierenden Verhaltensweisen, die vorher nicht existiert haben und auch nicht vorausbestimmt waren – und folglich neu entstanden sein müssen. Während man früher – auf Grund des Entropiegesetzes – einen ‚Wärmetod‘ des Universums erwartete, so gilt diese Meinung heute als überholt. Trotzdem ist der Entropiesatz, der das Eintreten zunehmender Unordnung, den Übergang ins Chaos prophezeit, zweifellos richtig. Wie kann man beides in Einklang bringen? Ein endgültiges Wort darüber ist noch nicht gesprochen, doch hört man bereits die Vermutung, der Urknall sei nicht durch minimale, sondern maximale Entropie charakterisiert. Daraus würde dann folgen, daß sich die Entropie zwar im Großen gesehen nicht mehr ändern könne, daß aber – durchaus im Einklang mit den Gesetzen des Zufalls – sich an einigen Stellen auch Zustände höherer Ordnung herausbilden können. Das würde bedeuten, daß wir, die Menschen, in einer ‚Insel der Ordnung' inmitten eines unendlichen Chaos leben.

Eine andere Schlußfolgerung für eine Welt, in der es als elementare Erscheinungen sowohl Ordnung wie auch Chaos gibt, betrifft die Maschinen. Üblicherweise erwartet man von ihnen, daß sie nach einer vorgegebenen Vorschrift funktionieren, daß sich also keine Zufallseinflüsse bemerkbar machen. Wie die Praxis zeigt, läßt sich diese Idealvorstellung nicht verwirklichen: Jede Maschine arbeitet mit kleinen Fehlern, wodurch der Zufall, gewissermaßen durch eine Hintertür, doch wieder ins Spiel kommt. Man kann ihn zwar nicht ausschalten, ihn aber zumindest mit Hilfe der Fehlerrechnung abschätzen und sich darauf einstellen.

In unserem Lebensbereich gibt es aber auch eine spezielle Art von Werkzeugen und Maschinen, die nichts Geordnetes, sondern etwas Ungeordnetes – Zufall – hervorbringen sollen. Dazu gehören so einfache Dinge wie Spielwürfel oder Rouletterad, aber auch jene schon viel komplizierteren Lottomaschinen, die man jede Woche im Fernsehen sieht. Da sie Zufall hervorbringen sollen, nennt man sie Zufallsmaschinen oder Zufallsgeneratoren.

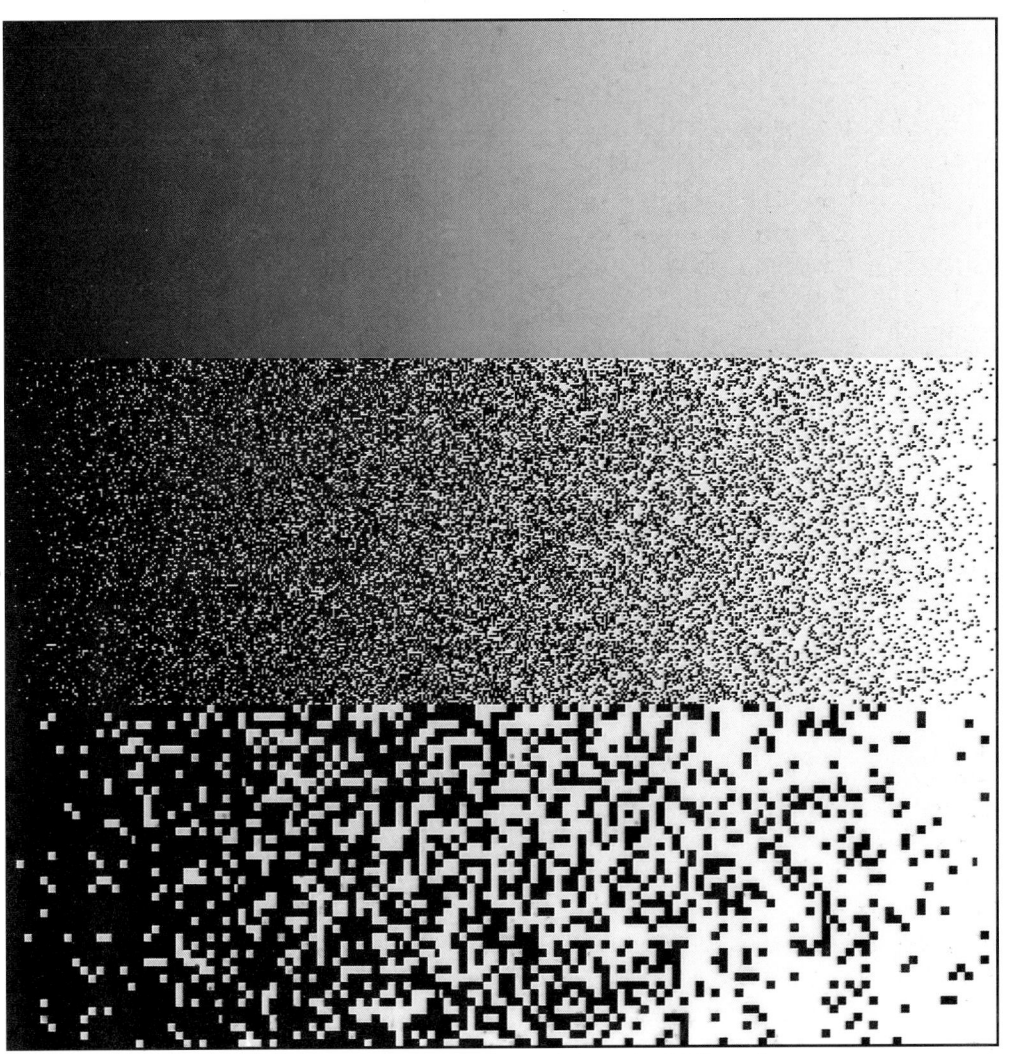

Beispiele für die Darstellung einer Grautreppe durch eine feine und eine grobe Zufallsverteilung

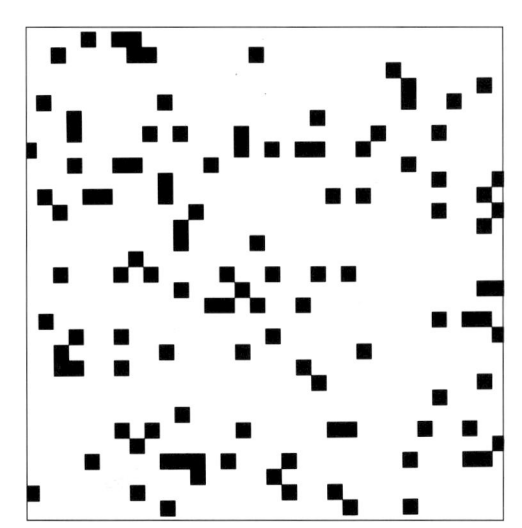

10 : 90

50 : 50

25 : 75

75 : 25

Zufallsverteilung über ein Raster von 32 x 32 Bildpunkten mit verschiedenen Verhältnissen von Schwarz zu Weiß

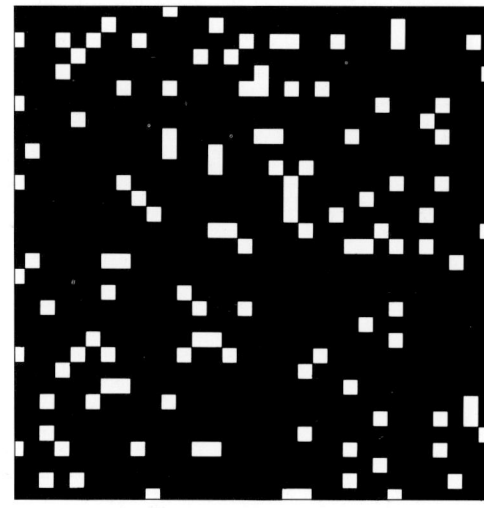

90 : 10

Als Grundlage eines Zufallsgenerators kann man jede als zufällig erkannte Erscheinung verwenden, und zwar auch dann, wenn es Prozesse der statistischen Mechanik sind. Wer es besonders genau nehmen will, kann aber auch echten physikalischen Zufall einsetzen, beispielsweise dadurch, daß er Quantenprozesse heranzieht. Einen der ersten Zufallsgeneratoren dieser Art baute der Psychologe Peter Scheffler an der Universität Innsbruck. Die Anordnung bestand aus einer Reihe von Geigerzählern, die stets dann einen Impuls abgaben, wenn sie von einem Quant kosmischer Strahlung getroffen wurden. Über sie wurden Schwingungsgeneratoren betrieben, die eine seltsam klingende „kosmische" Musik hervorbrachten. Das Ergebnis war also akustisch ausgedrückter Zufall. Im Prinzip hätte man es einfacher haben können – wer einen Radioapparat auf eine unbenützte Wellenlänge stellt, hört knackende Geräusche, die durch Quantenprozesse in der Atmosphäre entstehen. Man bezeichnet sie als Rauschen. Auch visuell ausgedrückter Zufall ist weithin bekannt – man beobachtet ihn, wenn man während der Sendepause den Fernsehapparat einschaltet; das ständig wechselnde unregelmäßige Punktmuster ist eine Folge elektrischer Erscheinungen in der Atmosphäre.

Das Gesetz des Zufalls

Für viele Zwecke benötigt man Zufall, ausgedrückt durch Zahlen. Bedarf besteht nicht nur beim Glücksspiel, sondern auch bei vielen wissenschaftlichen Problemen. Das ist der Grund dafür, daß in den meisten Computerprogrammen auch ein Befehl RND auftritt, was sich auf das englische Wort ‚random' für Zufall bezieht.

Benutzt man ihn, so erhält man meist endlose Folgen neunstelliger Dezimalzahlen zwischen Null und Eins. In Wirklichkeit handelt es sich allerdings nicht um echten Zufall, sondern um solchen, der mit mathematischen Operationen simuliert wird. Die Zahlenfolgen gehorchen also bestimmten Regeln, doch für den praktischen Gebrauch kommt es lediglich darauf an, daß man diese nicht erkennt – daß es keine Beziehungen zu jenen Gesetzmäßigkeiten gibt, die man untersuchen will. Im Grunde genommen könnte man natürlich auch einen echten Zufallsgenerator heranziehen, was aber nicht nur umständlich, sondern auch überflüssig ist. Trotzdem sollte man nicht vergessen, daß Pseudozufall gelegentlich auch zu Fehlern führt.

Zufallszahlen benötigt der Wissenschaftler vor allem dann, wenn er Massenerscheinungen simulieren will. Das Anwendungsgebiet ist unbeschränkt, es reicht von der statistischen Mechanik bis zum Verhalten von Menschenmengen. So ergeben sich etwa erstaunliche Ähnlichkeiten zwischen Flüssigkeit, die man durch ein Düse preßt, und Menschen, die sich durch einen engen Ausgang drängen.

Zu den Nutznießern des Zufalls gehören auch jene Programmierer, die sich mit elektronischen Spielen beschäftigen. Vor allem verwenden sie ihn dazu, um den Benutzer mit unerwarteten Situationen zu konfrontieren – mit verschiedenen Kombinationen von Hindernissen, die es zu überwinden gilt. Zufallszahlen sind aber auch dort nützlich, wo es um die Programmierung der die Spiele begleitenden Musik- und Bildeffekte geht. Genauso wie sich aus zufällig kombinierten Toneffekten eine Zufallsmusik ergibt, erhält man aus zufälligen Verteilungen von Formen und Farben Zufallsbilder.

Statistische Methoden bewähren sich auch bei der Bearbeitung von Bildern. So kann man durch Mittelwertbildung ein störendes Punktmuster entfernen. Im Prinzip ist es dieselbe Methode, die man etwa auch bei der Beurteilung von Eiskunstläufern verwendet: Alle von den Schiedsrichtern angegebenen Werte werden addiert und durch die Zahl der Schiedsrichter dividiert; Zweck dieses Verfahrens ist es auch hier, aus der Reihe fallende Abweichungen zu eliminieren.

Dem Grafikprogrammierer steht es frei, über wieviel Werte er mitteln will – es wird darauf ankommen, ob die Punkte grob oder fein verteilt sind. Wenn man mit Mittelungsprozessen verschiedener Art experimentiert, dann merkt man bald, daß man sie auch als gestalterisches Mittel verwenden kann. In einigen Abbildungen mathematischer Funktionen treten, wie sich der Mathematiker ausdrückt, hohe Gradientenwerte auf, womit ein starker Abfall oder ein starker Anstieg der Werte gemeint ist. Die den Höhenwerten zugeordneten Farben wechseln dann so rasch, daß sie keine zusammenhängenden Linien mehr bilden, sondern zufällig verteilt scheinen. Durch eine Mittelwertoperation lassen sich solche Stellen gewissermaßen ‚glätten', während die übrigen Bildteile davon unbeeinflußt bleiben. Das ist übrigens ein gutes Beispiel für eine selektive Methode, mit der es möglich ist, Bilder gezielt zu verändern.

Der Zufallsgenerator kann aber auch benutzt werden, um Bilder zu erzeugen, beispielsweise verschiedene Arten von Texturen, die sich durch ihre Formen deutlich voneinander unterscheiden und damit den Zweck der Kennzeichnung gut erfüllen. Arbeitet man mit feinen Mustern, dann ergibt sich das typische Bild einer Zufallsverteilung, wie sie von verfilzten Stoffen oder verstreutem Sand bekannt ist. Wählt man aus einem solchen Muster einen Ausschnitt, dann verliert sich der Eindruck der Gleichverteilung, vielmehr treten verschiedene Gestaltkombinationen auf, denen man den Ursprung aus einer Reihe von Zufallszahlen nicht mehr ansieht.

512 x 512

64 x 64

8 x 8

Zufallsverteilungen mit schrittweise vergrößertem Ausschnitt, genannt ist die Anzahl der Bildelemente

256 x 256

32 x 32

128 x 128

16 x 16

Das Gesetz des Zufalls

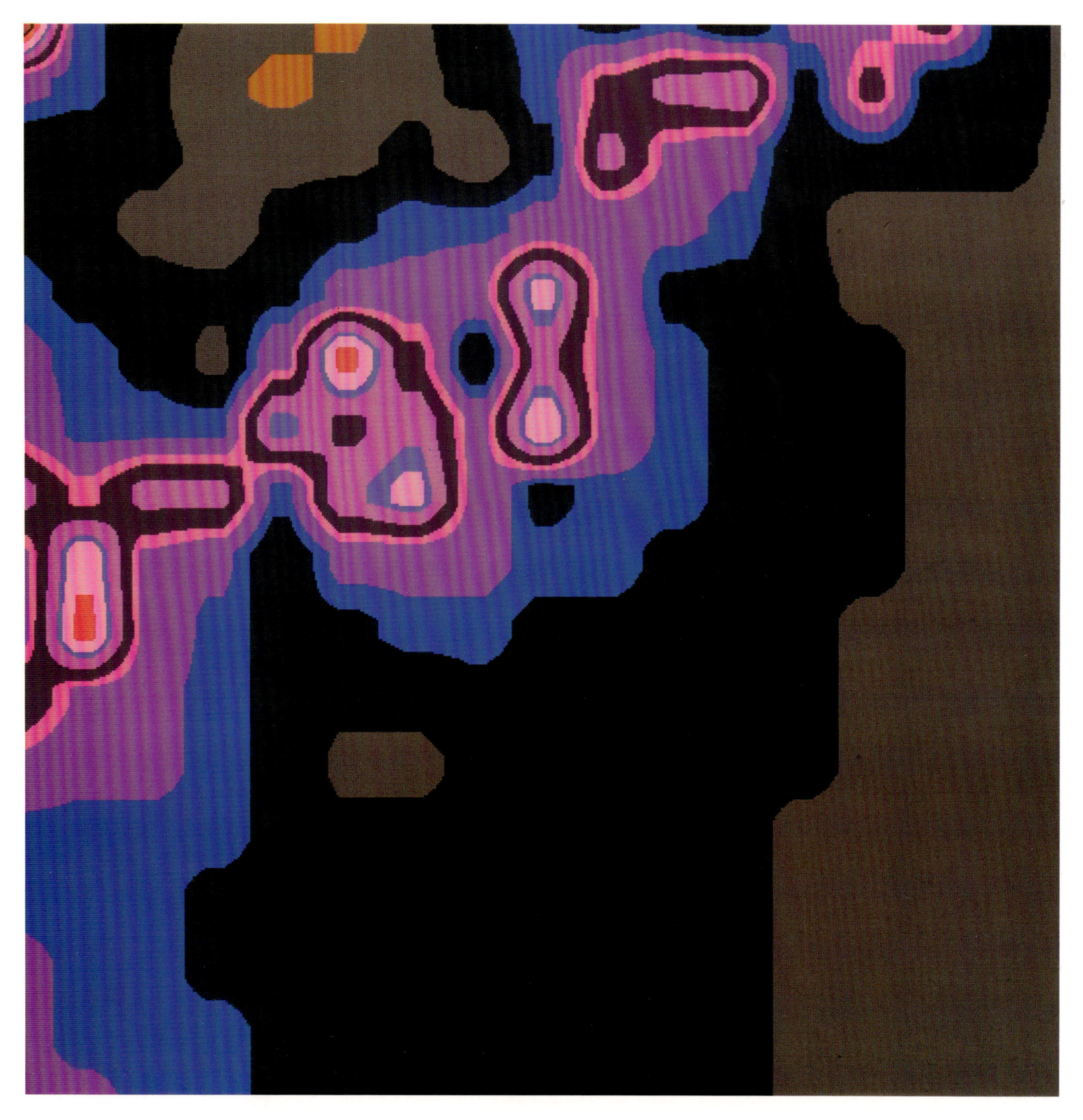

Das Gesetz des Zufalls

Die beispielhaft abgebildeten Verteilungen zeigen recht gut, daß auch unter dem Einfluß von Zufall verschiedene mehr oder weniger geordnete Formen entstehen. Die Ursache dafür liegt nicht zuletzt im regelmäßigen Grundraster, aus dem sich gewisse Nachbarschaftsbeziehungen ergeben. Haben wir es mit einer Verteilung von schwarzen und weißen Elementen auf einem Quadratraster zu tun, dann ist jedes schwarze Element von acht Feldern umgeben, und der Wahrscheinlichkeitsrechnung gemäß werden etwa vier davon mit schwarzen Elementen besetzt sein. Infolgedessen kann gar kein Muster unzusammenhängender, isolierter Punkte entstehen, sondern es muß zu Verbindungen, zu Gestaltbildungsprozessen, kommen. Etwas Ähnliches scheint auch für das Universum zu gelten – selbst in einer Welt des Chaos kommt es – wieder nach der Wahrscheinlichkeitsrechnung – zur zufälligen Entstehung höherer Ordnungszustände.

Solche ‚Inseln der Ordnung im Chaos' bilden einen recht reizvollen Ausgangspunkt für computergrafische Experimente. Selbst aus einer Sicht der groben, nur aus wenigen Elementen aufgebauten Konfiguration erhält man durch verschiedene Mittelungsprozesse komplexe und ästhetisch befriedigende Bilder. So lassen sich kantige Umrisse durch abgerundete Verläufe ersetzen, wodurch sich manchmal an folkloristische Motive erinnernde Resultate ergeben. Besonders reizvoll ist die Umsetzung solcher Bilder in perspektivische Darstellungen. Geht man von rechtwinkelig begrenzten Strukturen aus, so entstehen auf diese Weise Gebilde einer phantastisch anmutenden Architektur; stützt man sich dagegen auf unregelmäßige Formen, dann erhält man eine bizarre Berglandschaft. Der die Kanten abbauende Mittelungsprozeß entspricht dann der in der Natur auftretenden Abtragung, durch die steile Bergformen zu Hügeln verwandelt werden; der Programmierer hat es in der Hand zu bestimmen, inwieweit diese Abtragungsvorgänge fortgeschritten sind. Früher hielt man den Zufall für die böse Kraft, die lediglich zerstörerisch wirkt. Heute weiß man, daß der Zufall auch zu gestaltenden Wirkungen imstande ist. Mit den Mitteln der Computergrafik läßt sich das augenfällig beweisen.

Das Gesetz des Zufalls

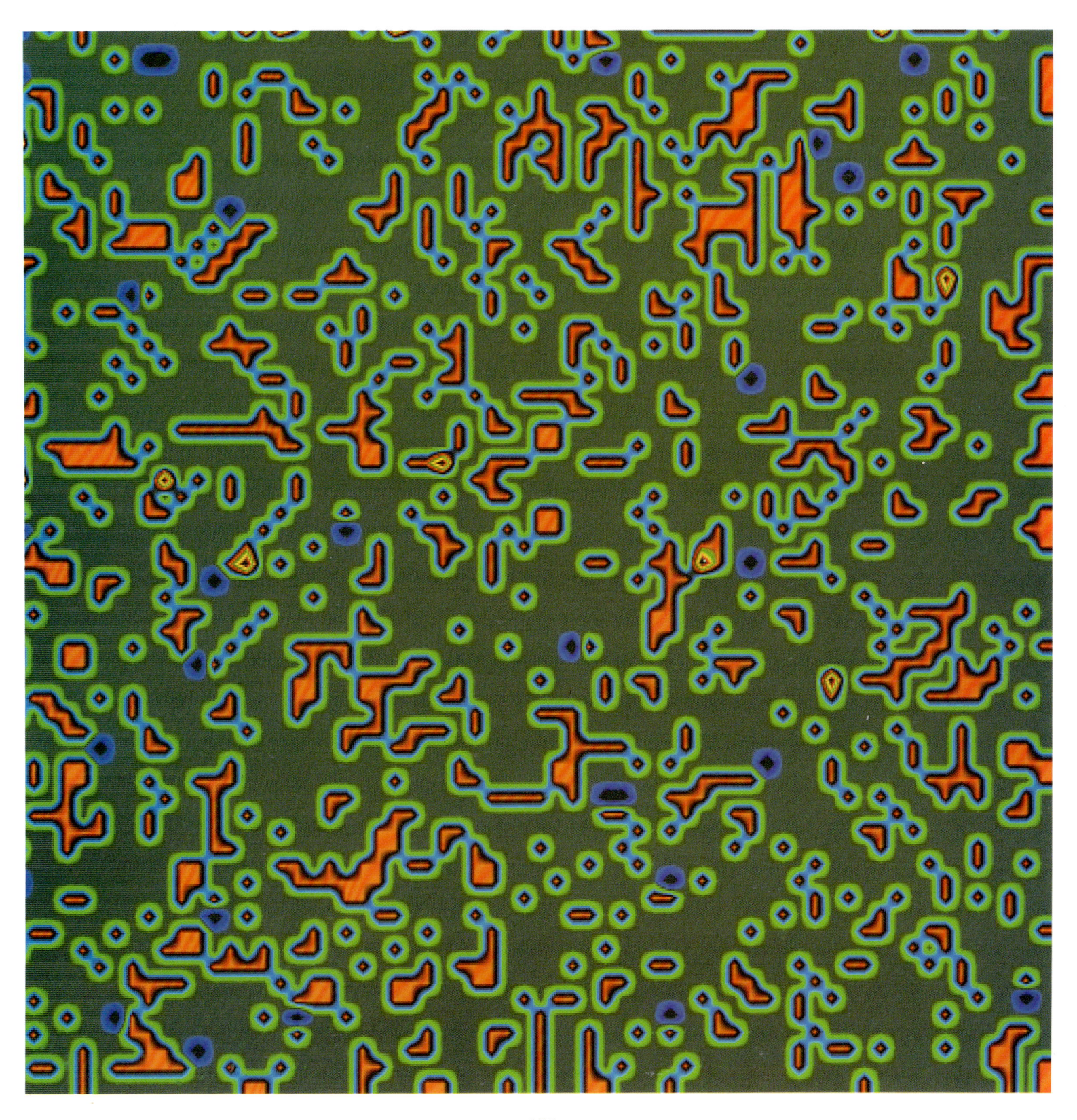

Das Gesetz des Zufalls

KUNST UND ORDNUNG

Zwischen Kunst und Wissenschaft gibt es von alters her vielfache Verbindungen. Die Physik z. B. bildet die Basis für jene Schwingungsphänomene, auf denen die Musik beruht, und die Chemie leistet einen Beitrag zur Bereitstellung der Farben, die der Maler benutzt. Naturwissenschaftliche Erkenntnisse genügen freilich nicht, um die Wirkung eines Musikstücks auf den Zuhörer oder eines Gemäldes auf den Betrachter zu erklären; hierbei erweisen sich die Erkenntnisse der Verhaltens- und Wahrnehmungspsychologie als aufschlußreich. Das gilt insbesondere für die sogenannte „rationale Ästhetik"; in diesem Bereich interessiert man sich nicht so sehr für historische Bezüge, sondern versucht, das Phänomen Kunst soweit wie möglich naturwissenschaftlich zu erklären. Das Kunstwerk wird dabei als Träger einer besonderen Art der Information, nämlich der ästhetischen Information, aufgefaßt.

Immerhin ist bemerkenswert, daß durch diese Auffassung der Kunst als Kommunikationsprozeß auch die Informationstheorie ins Spiel kommt. Zu den Erscheinungen, die sie zu durchleuchten versucht, gehört insbesondere die Verarbeitung von Information beim Wahrnehmen und Denken. Eine Teildisziplin, die Informationsästhetik, ist speziell dem Umsatz ästhetischer Information gewidmet.

Die Informationstheorie ist aber auch die theoretische Basis der Computertechnik, wodurch eine neue Verbindung zwischen Kunst und Computer hergestellt wird. Dieser erweist sich als Instrument einer „experimentellen Ästhetik", jener Methode, die es erlaubt, die Aussagen der Theorie praktisch zu prüfen. So lassen sich auch künstlerische Spielregeln in Computerprogramme fassen, wodurch sich zugleich die Möglichkeit der exakten Beschreibung von Bildern, eine grafische Notation, ergibt. Programme dieser Art können aber auch eingesetzt werden, um Bilder nach dem vorgegebenen Stil zu erzeugen. Das geschieht nicht, um Kunstwerke hervorzubringen, sondern zur Prüfung, ob die berücksichtigten Stilmerkmale richtig und vollständig eingesetzt wurden. Ähnliche Methoden können natürlich auch eingesetzt werden, um Bilder nach eigenen Ideen zu produzieren. Ein großer Teil der bisher vorliegenden Computergrafiken entstanden nach diesen oder ähnlichen Prinzipien.

Eine besondere Beziehung besteht zwischen Kunst und Mathematik. Zu den frühesten Zeugnissen gehören die schon im klassischen Griechenland diskutierten ganzzahligen Schwingungsverhältnisse, die für angenehm klingende Tonkombinationen charakteristisch sind. In der Bildenden Kunst war es insbesondere der Goldene Schnitt, das Verhältnis $(\sqrt{5}-1)/2$, der in der Diskussion über wohlproportionierte Teilungen eine vorherrschende Rolle spielte. Auch die sogenannten Platonischen Körper, die regelmäßigen Vielflächner, wurden mit künstlerischen Problemen in Verbindung gebracht; neben Plato beschäftigten sich auch Aristoteles und Pythagoras damit. Im Mittelalter kam der Mathematiker und Mönch Luca Pacioli in seinem Buch „De Divina Proportione" darauf zurück, wofür Leonardo da Vinci Zeichnungen beisteuerte.

Das Interesse für Harmonie war nicht nur künstlerisch, sondern auch weltanschaulich begründet, die Suche nach einer auch geometrisch beschreibbaren Weltordnung, oft mit Zahlenmystik verbunden, ist schon in ältesten Kulturen bekannt und erstreckt sich über das Mittelalter bis in die neueste Zeit. Ließen sich Kopernikus und Kepler noch von recht vordergründigen, durch einfache Zahlenbeziehungen bestimmten Anschauungen leiten, so haben sich Fragen nach der die Welt bestimmenden Ordnung nun in die theoretische Physik verlagert; gerade in den letzten Jahren hat sich bestätigt, welch wichtige Rolle Symmetriebeziehungen in der Familie der Elementarteilchen spielen.

Eine auf den ersten Blick lediglich formale Entsprechung zwischen Kunst und Wissenschaft ergibt sich auch aus der Tatsache, daß viele Objekte der Naturwissenschaft vom Aspekt des Ästhetischen her gesehen recht eindrucksvoll sind. Zuerst war es die mit freiem Auge sichtbare Natur, in der man Schönheit entdeckte: im Sonnenuntergang, in der Gebirgslandschaft, im Wellenspiel des Wassers, in den Gestalten der Pflanzen und Tiere. Der malerische Reiz solcher Gebilde schien keiner weiteren Begründung zu bedürfen und wurde als selbstverständlich hingenommen. Die Hinterfragung des Phänomens begann erst, als sich Beispiele für Naturschönheit auch in jenen entlegenen Bereichen zeigten, die erst mit Hilfe der wissenschaftlichen Fotografie sichtbar gemacht wurden. Vor allem war es der Blick durch das Mikroskop, der zur Entdeckung einer geradezu unabsehbaren Vielfalt bemerkenswerter Formen führte. Es war der Biologe und Philosoph Ernst Haeckel (1834–1919) der, von der Schönheit der biologischen Mikrowelt beeindruckt, den Begriff der „Kunstformen der Natur" prägte. Nach der Ansicht einiger Theoretiker leistete er dadurch einen beachtlichen Beitrag zur Heranbildung des Jugendstils, für den die Übernahme organischer Vorbilder als typisch gilt.

Weniger bekannt ist, daß sich Ernst Haeckel keineswegs auf organische Formen beschränkte, sondern in seine Betrachtungen auch unbelebte Objekte einbezog. In seinem zusammen mit seinem Schüler W. Breitenbach geschriebenen Buch „Die Natur als Künstlerin" zeigte er auf Bildtafeln auch Kurzzeitfotografien aufspritzender Wassertropfen, Diffusionsfiguren, wie sie beim Mischen verschiedener Flüssigkeiten entstehen, Mikroaufnahmen von Metallschliffen und auskristallisierten Salzen. Damit nahm er vorweg, was in diesem Jahrhundert mit den Mitteln einer verbesserten Mikroskopie in vielen großformatigen Bildbänden noch viel deutlicher wurde: die Analogie der wissenschaftlichen Formenwelt mit vielen Werken der modernen Malerei. Aber selbst beim Eindringen der Physik in scheinbar abstrakte Bereiche ergeben sich immer wieder neue ästhetische Überraschungen. Ob es sich um sichtbar gemachte elektrische und magnetische Felder handelt, um Beugungsfiguren von Röntgenstrahlen an Kristallen, um ins Sichtbare übersetzte elektronische Schwingungen oder um die Bahnen elementarer Teilchen in Nebel- und Blasenkammern – ihnen allen kommt ein eigener, spezifischer Formenschatz zu, dem man formale Schönheit nicht absprechen kann.

Vergleicht man die künstlerische mit der wissenschaftlichen Bildwelt, dann kommt der Mathematik ein besonderer Stellenwert zu. Die ästhetischen Eigenschaften geometrischer Körper, beispielsweise der schon erwähnten Vielflächner, waren schon lange bekannt, und seit man über Methoden verfügt, arithmetische Ausdrücke durch Grafiken zu beschreiben, ließ sich die Erfahrung auf das gesamte Gebiet der Mathematik übertragen. Mag der Eindruck, den Quadrat und Kreis auf den künstlerisch interessierten Betrachter machen, noch in ihrer Einfachheit begründet sein, so fanden sich auch eine ganze Reihe weitaus komplizierterer Kurvenformen von unzweifelhaft ornamentalem Charakter. Es gibt sogar Nutzanwendungen dieser Erkenntnis im Bereich der angewandten Kunst: Schon im vorigen Jahrhundert wurden sogenannte Guillochier-Maschinen zur Erzeugung jener komplizierten Linienmuster eingesetzt, die Geldscheine und Bankpapiere schmücken. Es handelte sich um Räderwerke mit verstellbaren Übersetzungen, die die Muster erzeugten, indem sie einen Gravurgriffel über eine Metallfläche führten. Nach einem ähnlichen Prinzip arbeiten die „Harmonografen", die manchmal zur Demonstration des Schwingungsverhaltens von Pendeln in technischen Ausstellungen gezeigt werden. Man kann sie als mechanische Vorläufer jener elektronischen Geräte ansehen, die heute im Bereich von Fernsehen und Computertechnik zur Erzeugung freigestalteter Bildsequenzen in Gebrauch stehen.

'Teufelskurve'

Die elektronische Methode der Bilderzeugung hat dazu geführt, daß man mathematische Zusammenhänge mühelos visualisieren kann. Zwar gab es auch schon früher phantasiebegabte Mathematiker, die in ihren Formeln ästhetische Zusammenhänge zu erkennen glaubten; erst die Methode der Computergrafik jedoch macht ihre Einsicht für jedermann nachvollziehbar. Nimmt man sich einen Teilbereich der Mathematik nach dem anderen vor, so offenbaren sich immer wieder andere Formen von eigenartiger Schönheit. Die Umsetzung mathematischer Zusammenhänge in Bilder erinnert manchmal an die Mikroskopie: Läßt man unter dem Okular Kristalloberflächen dahinwandern, so entdeckt man – abgesehen von wissenschaftlich interessanten Fakten – immer wieder neue, phantastisch anmutende Bereiche. Jede Kristallart ist durch ihren charakteristischen Formenschatz ausgezeichnet, doch jeder individuelle Kristall ist im Detail eigenständig und unverwechselbar.

Nun hat man es in der Mathematik nicht mit naturgegebenen Objekten zu tun, deren Aussehen beschrieben und analysiert werden müßte. Vielmehr ist sie ein logisches System, deren Formeln von Menschen erdacht wurden. Man kann sie als eine Art Notenschrift für den Aufbau des dazugehörigen Bildes ansehen. Das Bild kann also nur zeigen, was die Formel bereits enthält. Und doch zeigt die Erfahrung, daß die bildlichen Umsetzungen Zusammenhänge offenlegen, die aus der Formel nicht ersichtlich sind. Daraus ergeben sich die schon erwähnten Methoden einer experimentellen Mathematik, andererseits aber auch völlig neue Möglichkeiten künstlerischer Gestaltung. Wie die Erfahrung zeigt, liefert uns die Mathematik eine Vielzahl von Elementen, die sich zum Aufbau komplizierterer Gebilde eignen – beispielsweise Punkte, Linien oder beliebig umgrenzte Flächen. Weiter bieten sich verschiedenste mathematische Prozesse an, um aus diesen Elementen komplizierte Gebilde aufzubauen. Mit Hilfe dieser Prozesse lassen sich Punkte anordnen, Linien überlagern und Flächenelemente verteilen. Die meisten dieser Prozesse beeinflussen das Bild in seiner Gesamtheit – man könnte die neue Methode deshalb als „integral" bezeichnen. Im Gegensatz dazu steht das der manuellen Arbeitsweise entsprechende Verfahren; da dabei das Bild stets nur dort verändert wird, wo der Eingriff erfolgt, kann man es als „punktuell" bezeichnen.

Oberflächlich betrachtet könnte der Anschein entstehen, die Anwendung mathematischer Prozesse wäre gegenüber dem Einsatz der Hand in seiner Freiheit stark beschränkt. Das läßt sich jedoch durch eine mathematische Erkenntnis widerlegen, die in der Fachwelt als „Fourier-Theorem" bekannt ist. In seiner einfachsten Form sagt es aus, daß sich durch Überlagerung bestimmter einfacher Kurven jede beliebige Kurvenform zusammensetzen läßt (siehe Kapitel „Mathematische Ornamente"). Auf die Ebene übertragen folgt daraus, daß nach demselben Prinzip jedes beliebige Bild darstellbar ist.

Das erwähnte „Fourier-Theorem" bezieht sich nur auf eine einzige Klasse mathematischer Prozesse: die Addition von Sinus- und Cosinuskurven. In Wirklichkeit gibt es nicht nur einen Weg, der zur Realisierung einer Bildidee führt, sondern unendlich viele. Welchen man davon wählt, hängt von der Zielvorstellung ab – und von der Kenntnis des Benutzers über die grafischen Möglichkeiten mathematischer Prozesse. Da es sich dabei um ein völlig neues Arbeitsfeld handelt, kann man nur selten auf die Erfahrungen von Vorgängern zurückgreifen; meist ist es nötig, eigene Methoden zu erarbeiten. Die Bilder, die in diesem Buch gezeigt werden, sind unter der Zielvorstellung einer solchen Bestandsaufnahme entstanden: Es ging darum, verschiedenste mathematische Prozesse auf ihre grafische Anwendbarkeit zu untersuchen. Dabei ergaben sich immer wieder neue, oft ungeahnte Möglichkeiten zur Erzeugung bestimmter Formenklassen. So liefert etwa die Anwendung arithmetischer Funktionen weiche Linienverläufe, sogenannte Felder, während logische Zuordnungen Verteilungen kantig begrenzter Elemente ergeben. Damit steht eine Art Katalog grafischer Syntheseprozesse und Umwandlungsformen zur Verfügung, der nun zur Realisation künstlerischer Bildideen eingesetzt werden kann, aber ebensogut zur Demonstration mathematischer Zusammenhänge geeignet ist.

Raumfläche

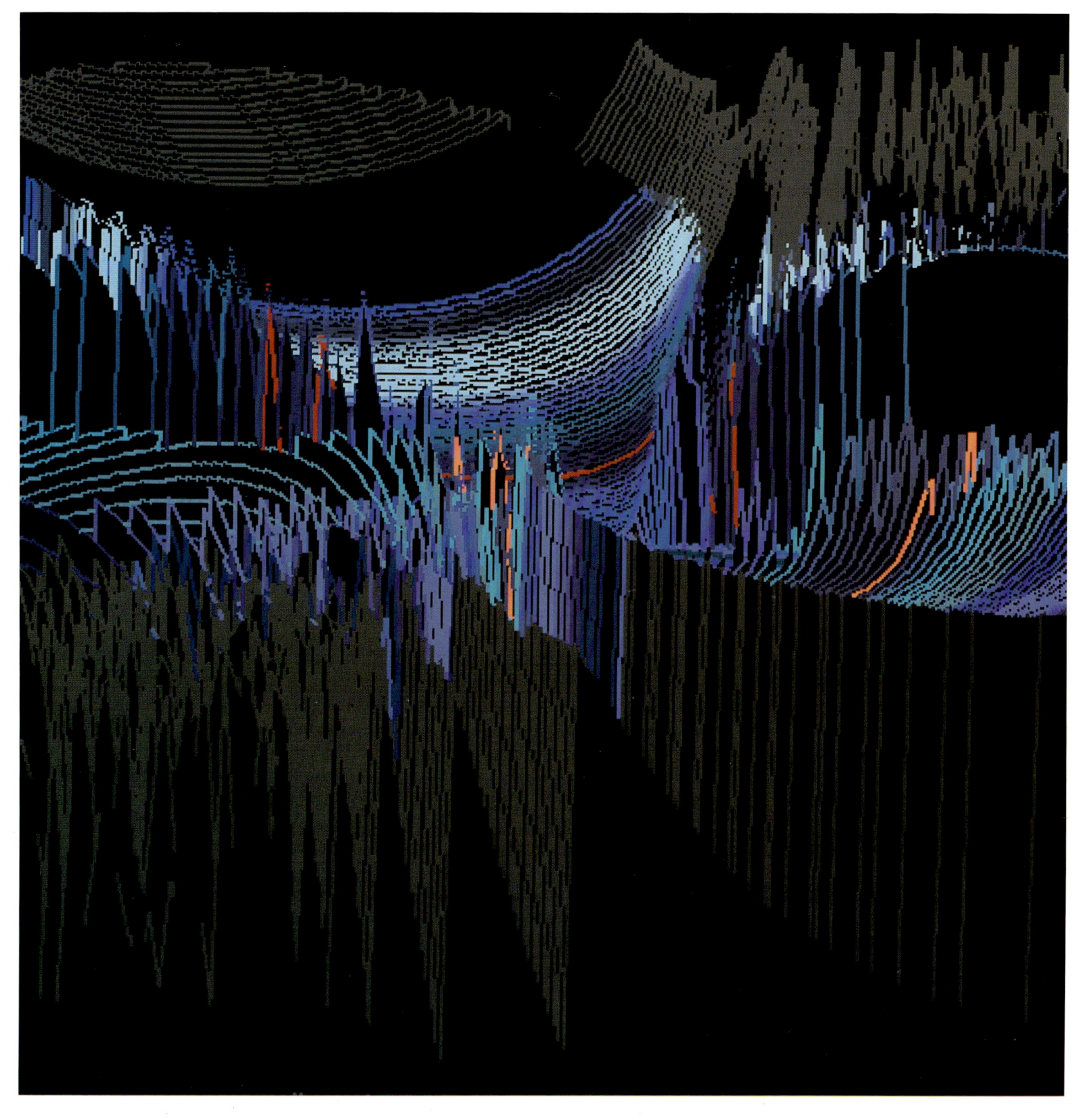

Der ästhetische Aspekt mathematischer Ordnungen wirft erneut die bisher ungelöste Frage auf, wieso Bilder aus der Wissenschaft im Betrachter den Eindruck der Schönheit erwecken.

Es ist ein Verdienst der Informationstheorie, daß sie den grundlegenden Unterschied zwischen der Information und ihrem Träger herausgestellt hat. Die Information betrifft den geistigen Prozeß, die Idee, die auf irgendeine Weise ausgedrückt werden muß. Man kann ein Bild malen oder eine Figur in Bronze gießen oder auch die indirektere Form einer Formensprache oder Schrift benutzen. Sieht man diese Aufbereitung – im Gegensatz zum Inhalt, den man vermitteln will – auch als sekundär an, so muß sie doch so erfolgen, daß die Wahrnehmung ungehindert möglich ist.

Es spricht vieles dafür, daß Schönheit nicht durch den Träger befördert werden kann, sondern erst im Bewußtsein des Betrachters entsteht. Dessen Eindruck wird nur dann mit dem Eindruck übereinstimmen, den der Künstler selbst von seinem Werk hat, wenn zwischen beiden eine gewisse Entsprechung der Kenntnisse, Bewertungen und Erfahrungen besteht. Da es in diesen Belangen zwischen einzelnen Menschen große Unterschiede gibt, ist also von vornherein nicht zu erwarten, daß jedes Kunstwerk auf jedermann in gleicher Weise wirkt. Große Diskrepanzen werden vor allem dann auftreten, wenn die Auffassungen in bezug auf die Inhalte verschieden sind. Es gibt allerdings auch Reaktionsweisen, in denen sich alle Menschen nahezu gleichen. Gemeint sind jene unbewußt verlaufenden Analyseprozesse, die es uns überhaupt erst ermöglichen, die Inhalte einer Botschaft zu erkennen. Wie man heute weiß, läuft immer dann, wenn unsere Sinnesorgane Reize von außen auffangen, eine komplizierte Datenverarbeitung ab. Dabei geht es unter anderem darum, die im Reizmuster auftretenden Gestalten voneinander zu trennen, in einen bestimmten Bezug zueinander zu bringen und zu identifizieren. Dazu werden Kontraste herangezogen, aber auch Schatten, Verdeckung, Fluchtlinien usw. – insbesondere zur Ermittlung der Anordnung im Raum.

Was sich auf diese Weise innerhalb von Sekundenbruchteilen vollzieht, ist außerordentlich kompliziert und vielschichtig. Erst seit man versucht, Programme für vergleichbare Analyseprozesse zu schreiben, ergab sich eine Ahnung von der unglaublichen Leistung, die das Gehirn dabei vollbringt. Zu dem wenigen, was man darüber weiß, gehört die Tatsache, daß es sich dabei auf sogenannte „Redundanzen" stützt, ein Begriff, der etwa gleichbedeutend mit „Ordnungsbezügen" ist. Es gibt eine Reihe raffinierter Versuche um herauszufinden, um welche Ordnungen es hierbei geht; insbesondere die optischen Täuschungen erwiesen sich als aufschlußreich.

Eine Art von Ordnung, wie sie sicher große Bedeutung in der Wahrnehmung hat, ist die Symmetrie. Es ist leicht einzusehen, daß man diese verwenden kann, um sich Analyseprozesse zu ersparen: Denn Symmetrie bedeutet ja nichts anderes als Wiederholung – wenn ein Teil im Reizmuster mit einem anderen als identisch erkannt ist, dann braucht die Analyse nicht noch einmal von vorne anzufangen. Eine andere Art der Ordnung, die für die Wahrnehmung wichtig ist, ist die sogenannte „Stetigkeit". Sie bezieht sich insbesondere auf Linien – die man stetig nennt, wenn sie keine Unterbrechungen oder Knicke aufweisen. Treten in einem Reizmuster stetige Linien auf, dann brauchen nur wenige Punkte ins Auge gefaßt zu werden – die anderen lassen sich dann leicht ergänzen (durch die wohl bekannte Methode der Interpolation).

Offenbar liegt der Schlüssel für die ästhetische Wirkung mathematischer Darstellungen in diesen und anderen, hier nicht besonders erwähnten Ordnungen. Wie sich zeigt, spielen nämlich gerade diese in der Mathematik eine besondere Rolle. Auf den ersten Blick mag das erstaunlich erscheinen, in der Tat aber ist es ja gerade die Aufgabe der Mathematik, verschiedenste Arten von Ordnungen zu beschreiben, und dazu gehören eben auch Symmetrie und Stetigkeit.

Raumfläche

Ob sie nun in der Natur vorkommen, in den Bildern der wissenschaftlichen Fotografie oder in Kunstwerken – auf jeden Fall sind Ordnungen eine wichtige Voraussetzung dafür, daß die Wahrnehmung und damit die Aufnahme ins Bewußtsein gut gelingt. Es gibt Kunstarten, bei denen man auf die Mitteilung von Sinnzusammenhängen verzichtet und sich auf die Vorweisung abstrakter Muster beschränkt; dazu gehört unter anderem die Musik, dazu gehören aber gerade jene gegenstandslos anmutenden Bilder, die uns zum Vergleich zwischen Wissenschaft und Kunst herausfordern. Es ist die in ihnen enthaltene Symmetrie und Stetigkeit, die sie so wohlgefällig wirken lassen.

Diese Ergebnisse stimmen mit der altüberlieferten Auffassung überein, die Gleichmaß und Harmonie als wichtigstes Merkmal des Kunstwerks sieht. Daraus scheint sich ein Rezept zur Anfertigung von Kunstwerken zu ergeben: Es würde dann nur darauf ankommen, bestimmte Bildelemente in ausgewogenem Gleichmaß anzuordnen. Ein einfaches Hilfsmittel, um diesen Gedanken zu verwirklichen, ist das Kaleidoskop.

Wie seit dem vorigen Jahrhundert immer deutlicher geworden ist, reicht ein so simples Rezept nicht aus. Aus eigener Erfahrung weiß man, daß reines Ebenmaß die Aufmerksamkeit nicht lange fesseln kann. Eine Gruppe von Kunsttheoretikern, die russischen Formalisten, traten deshalb um die Jahrhundertwende mit der These auf, Kunst sei nicht durch Harmonie ausgezeichnet, sondern durch die Abweichung vom Normalen, durch die Verfremdung des Üblichen. Sie setzten somit auf ein anderes Merkmal, das einen gewissen Widerspruch mit der Harmoniethese bildet: auf die Originalität.

Auch dieser Begriff hat in der Informationstheorie Bedeutung; man nennt ihn dort „Innovation" – im Gegensatz zur schon erwähnten Redundanz. Auch in der Verhaltenspsychologie spielt er eine Rolle: Man kann nachweisen, daß sich geordnete Reizmuster zwar leicht erfassen lassen, doch das, was den Menschen interessiert, ist nicht das Altbekannte, den Erfahrungen Entsprechende, sondern das, was sich von den wohlbekannten Ordnungen abhebt. Mit Hilfe der Informationstheorie ist es sogar möglich, Maße für die notwendige Redundanz und für die erwünschte Innovation anzugeben. Offenbar ist beides in einem gewissen optimal abgestimmten Verhältnis zueinander nötig. Auf die Kunst angewandt, heißt das, daß weder die reine Ordnung noch das Gegenteil, die völlige Unordnung, für ein gutes Resultat bestimmend sind. Was der Künstler anstreben sollte – und was er ohne Theorie sowieso seit Jahrtausenden schon tut –, ist das richtige Mittelmaß zwischen Ordnung und Chaos zu finden. Auf die mathematischen Bilder bezogen bedeutet das, das man sich nicht mit völlig symmetrischen oder lückenlos stetigen Darstellungen zufriedengeben wird, sondern – beispielsweise durch gezielt eingesetzte Verdichtungen oder Brüche – ein interessanteres Ergebnis erreicht.

VISUELLES DENKEN

Seit Gutenberg ist das Papier das wichtigste Medium visueller Information. Erst in den letzten Jahren wird es in steigendem Maß durch den Bildschirm verdrängt. Zunächst war es jener des Fernsehgeräts, doch in den letzten Jahren rückt der Monitor des Computers mehr und mehr in den Vordergrund.

Heftige kontroverse Diskussionen lassen erkennen, daß das Bildschirmgerät mehr ist als ein neues Möbelstück: Es ist das äußerliche Anzeichen eines Umschwungs, der nicht nur Verhaltens-, sondern auch Anschauungs- und Denkweisen betrifft.

Vom „visuellen Zeitalter" war schon vor dem Aufkommen des Computers die Rede. Zu den ersten Anzeichen gehört die ständig verbesserte Drucktechnik, die bis zum qualitativ beachtlichen farbigen Massendruck unserer Zeitschriften führte. Eine zweite Linie dieser Entwicklung begann mit dem Fotoapparat, dem bald die Filmkamera folgte. Mit dieser Methode wurde das perspektivisch treue Abbild in unsere Kommunikation einbezogen, was sich im übrigen auch in einem Aufschwung der illustrierten Zeitschriften äußerte. Als aufregendste Neuerung ist das Eindringen der Elektronik in die visuelle Gestaltung zu sehen.

Natürlich sind es technische Fortschritte, die sich in den Medien Druck, Foto und Computer äußern. Nicht erst seit den Aussagen des Kommunikationswissenschaftlers Norman McLuhan ist der große Einfluß technischer Geräte auf das Leben des Menschen unbestritten; McLuhans Verdienst war es, diesen engen Zusammenhang auch in bezug auf technische Kommunikationsmittel klargestellt zu haben.

Sind es bei energieverarbeitenden Maschinen insbesondere die auf materielle Bedürfnisse gerichteten Verhaltensweisen, die davon berührt werden, so liegt der Einfluß der informationsverarbeitenden Systeme bevorzugt im Bereich der Kultur. So ist die Sprache, der höchste kulturelle Bedeutung zukommt, eine Erscheinung, in der sich kein Umsatz von Energie, sondern ein Umsatz von Information spiegelt.

Der Mensch ist längst über das prähistorische Stadium hinausgewachsen, in dem ihm zur Verständigung nur Stimme und Geste, jedoch keinerlei unterstützende Hilfsmittel zur Verfügung standen. Kommunikation war nur von Mensch zu Mensch möglich; das gilt insbesondere für zwei wichtige Aufgaben der Kommunikation, die Speicherung und die Bewahrung von Information. Das menschliche Gedächtnis war der einzige Informationsspeicher.

Das Aufkommen der Schrift änderte die Situation grundlegend; nun erst ließen sich Daten unverändert über Generationen hinweg erhalten oder, in Form von Briefen, beliebig weit transportieren. Obwohl man die Schrift selbst nicht unbedingt als technische Neuerung ansieht, so leitete sie dennoch die Entwicklung der Nachrichtentechnik ein. Selbst so einfache Dinge wie Tinte und Papier sind technische Werkzeuge – im übrigen auch heute noch die meistgebrauchten. Doch erst die Einführung der Drucktechnik erlaubte die billige Vervielfältigung von Schrift und Bild – Voraussetzung dafür, daß sich die Fertigkeit des Lesens und Schreibens von einigen Spezialisten auf die gesamte Bevölkerung übertrug.

Es war vor allem die Schrift, die von diesem Fortschritt betroffen war. Dem Bild dagegen, das neben der Sprache das wichtigste Verständigungsmittel ist, kam dabei nur untergeordnete Bedeutung zu. Im 15. Jahrhundert, als es in Mitteleuropa noch keine Schulpflicht gab und daher nur Wenige lesen und schreiben konnten, stand das Bild noch im Mittelpunkt populärer Nachrichtenübermittlung. Großer Beliebtheit erfreuten sich damals jene Einblattdrucke, mit denen Ereignisse aller Art verbreitet wurden. Es waren vervielfältigte Holztafelabzüge, auf gerolltem Papier, die von Hausierern verbreitet wurden. In unserem Jahrhundert sind nur noch wenige Reminiszenzen lebendig geblieben, in populären Publikationen wie dem „Berliner Bilderbogen" und den Bildgeschichten für Kinder, wie jenen von „Max und Moritz".

Damit war das Bild in den Bereich von Randgruppen zurückgedrängt, als eine simple Art des Ausdrucks, nur von Ungebildeten geschätzt. Das Bild hatte seinen Wert als Träger von Nachrichten verloren; sollte es anerkannt werden, dann mußte es ein Kunstgegenstand sein.

So kam es, daß wir heute über eine Sprach-, nicht aber über eine Bildkultur verfügen. Das erscheint heute so selbstverständlich, daß nur noch Wenige nach den Gründen dafür fragen. Manchen erscheint es höchst erstaunlich, daß diese im technischen Bereich liegen, in der Bevorzugung der Schrift bei der technischen Entwicklung. Schrift läßt sich mit relativ einfachen technischen Werkzeugen darstellen und vervielfältigen. Der Druck von anspruchsvollen Bildern blieb dagegen lange Zeit teuer und auf wenige Arten der Darstellung beschränkt. Es bedurfte moderner Erfindungen wie der Fotografie und des Rasterdrucks, um das Bild gegenüber der Schrift konkurrenzfähig zu machen. Die hohen Auflagen der Publikums-Zeitschriften beweisen, daß Bilder auch heute noch eine Funktion als Ausdrucks- und Verständigungsmittel haben. Es bestätigt sich weiter in der Entschiedenheit, mit der sich weite Bevölkerungskreise den elektronischen Bildmedien, insbesondere dem Fernsehen, zuwenden.

Der Einstieg ins „visuelle Zeitalter" hat jedoch nichts an der niedrigen kulturellen Einstufung von Bildern geändert. Die Zeitkritiker sehen in der Ausbreitung der Bilderflut, getragen von Illustrierten, Comics, Film und Video, ein Zeichen für kulturellen Verfall. Sie berufen sich dabei auf die Tatsache, daß ein großer Teil dieser Darstellungen formal und thematisch primitiv sei, und ziehen daraus den Schluß, daß Bilder eben so sein müssen. In Wirklichkeit allerdings liegt dieser Mangel an der Tatsache, daß es jahrhundertelang der sprachliche Ausdruck war, dessen Entwicklung und Verfeinerung sich die Intelligenz widmete. Erst seit Aufkommens des Films wird die Frage einer Bildsprache wieder diskutiert, wobei es allerdings mehr um die künstlerische Darstellung der Cineasten geht und nicht um allgemeine Fragen der Kommunikation.

Das ist also die Situation, in die nun der Computer als neues bilderzeugendes Medium eintritt. Die von ihm gebotenen Möglichkeiten künstlerischer Darstellung wurden von einigen wenigen schon früh erkannt, ohne daß die Öffentlichkeit davon Notiz nahm. Erst in den letzten Jahren rückte die Computergrafik ins Bewußtsein weiterer Bevölkerungskreise, und zwar zuerst der Techniker, die mit Hilfe von CAD Maschinenteile darstellten, der Architekten, die ihre Modelle durch Monitorbilder ersetzten. Nach demselben Prinzip, doch mit verbesserten Methoden, werden seit etwa fünf Jahren Bildsequenzen für Werbung und Film gefertigt. Und in der Bürografik, auch „Managergrafik" genannt, kommen Bildsymbole zum Einsatz, mit denen es möglich ist, alle entscheidenden Daten z. B. eines Geschäftsberichts durch farbige Bilder darzustellen. Und schließlich stößt man auch da und dort auf jene besondere Art von Computergrafiken, mit denen wissenschaftliche Zusammenhänge visualisiert werden.

Ohne Zweifel also trägt der Computer zum Ansteigen der Bilderflut bei, und so kann es nicht ausbleiben, daß auch er ins Kreuzfeuer jener Kritik gerät, die sich aus kulturellen Gründen gegen das Überhandnehmen von Bildern wehrt. Gerade die Methode der Computergrafik, speziell ihr Einsatz zur Visualisierung von Mathematik, beweist, daß Bilddarstellungen sowohl formal wie thematisch auf hohem Niveau stehen können. Was mit Hilfe des Computers entsteht, ist nicht mehr das anspruchslose Abbild, wie es die Kamera einfängt, sondern eine mit den Mittel einer Bildlogik aufgebaute und umgeformte Darstellung, die in Form und Aussage dem Niveau einer sprachlichen Äußerung durchaus gleichkommen kann. Wenn man nach den Möglichkeiten visueller Beschreibung komplizierter Sachverhalte sucht, dann ergeben sich immer wieder neue Möglichkeiten, von denen manche jenen hohen Grad an Abstraktheit aufweisen, die man als Wertkennzeichen von Sprache anerkennt.

Kalte Logik

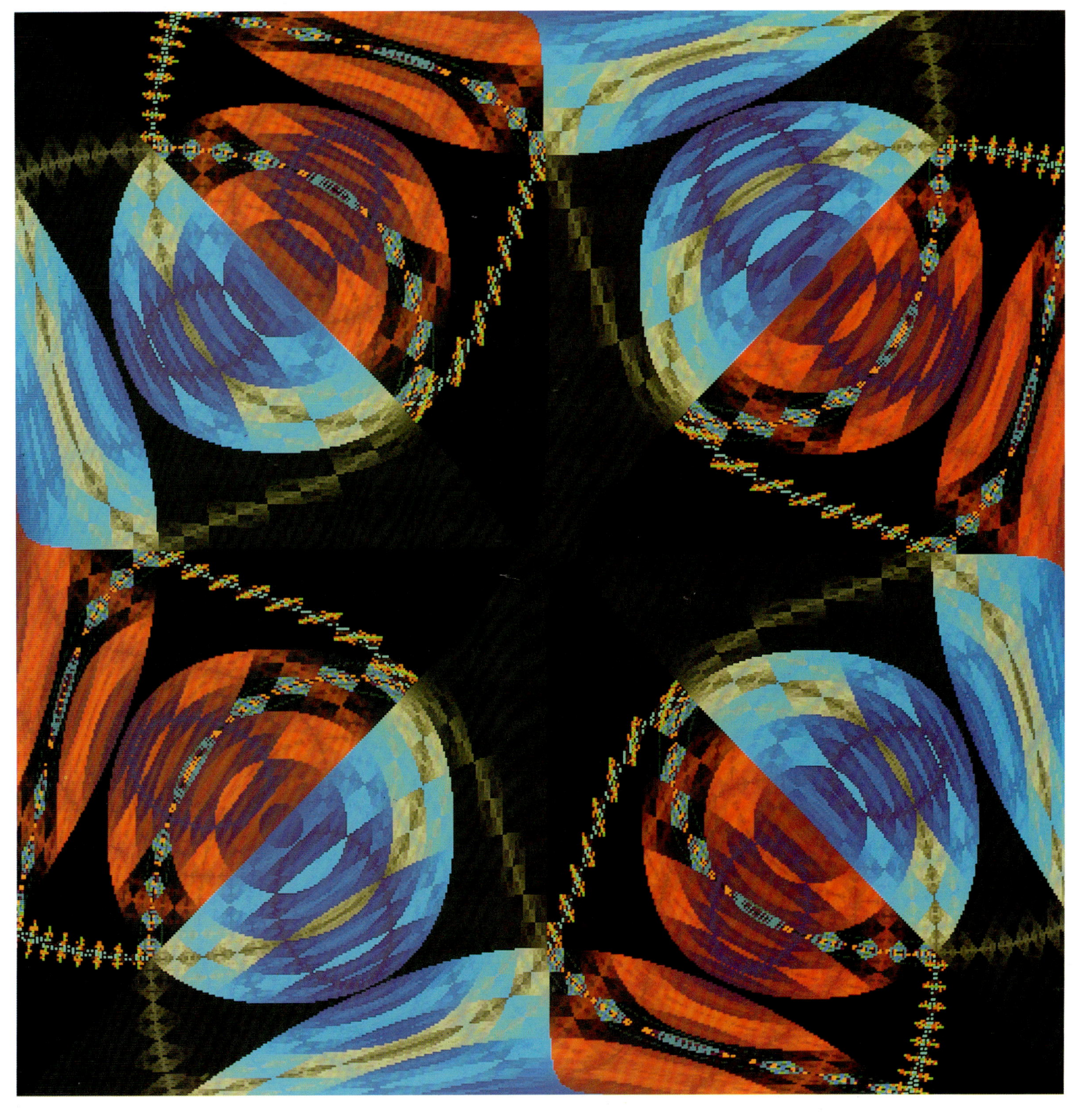

Gerade in der Mathematik bieten sich verschiedene Ansätze für neuartige grafische Ausdrucksmittel; Beispiele sind die sogenannten Graphen, mit denen man Folgen gerichteter Größen (beispielsweise einen Zeitplan) darstellen kann, oder die sogenannten Vennschen Diagramme – von der Mengenlehre her gut bekannt –, die sich als sehr nützlich erweisen, um Beziehungen zwischen Gruppen und dergleichen darzustellen. Obwohl man gelegentlich auch in Tageszeitungen nach diesen Prinzipien aufgebaute Schaubilder finden kann, sind sie außerhalb des Kreises der Mathematiker wenig bekannt. Das schließt aber nicht aus, daß sie sich mehr und mehr zur Beschreibung bestimmter Sachverhalte durchsetzen, für die die Umgangssprache weniger gut geeignet ist. Worauf es ankommt, ist die Erkenntnis, daß eine komplexe Kommunikation nicht notwendigerweise auf Sprache beschränkt ist, sondern daß auch das Bild beste Voraussetzungen dafür bietet.

Die Geringschätzung der visuellen Information beruht nicht zuletzt auf der Tatsache, daß der Umgang mit Bildern bis vor kurzem Domäne der Massenmedien war. Um Filme oder Zeitschriften herzustellen, bedarf es eines gewaltigen Aufwands, der sich wiederum nur bei höchsten Auflagen lohnt. Daraus folgt der Zwang, sich mit diesem Angebot an einen großen Teil der Bevölkerung, eben an die Masse, zu wenden, und daraus ergibt sich die Erklärung für das niedrige Niveau. Die Erzeugung und Verbreitung von Texten dagegen ist weitaus einfacher, nicht zuletzt, weil dafür vom handgeschriebenen Brief bis zum Offsetdruck vielfältige Verfahren zur Verfügung stehen, die eine individuelle Anpassung an den Verfasser wie auch an den Empfänger zulassen. Durch das billige Rotationsverfahren ist es sogar möglich geworden, wertvolle, doch nur für einen kleinen Teil der Leser interessante literarische Stoffe zu vervielfältigen und auf den Markt zu bringen. Kurz und gut: Was im visuellen Sektor fehlt, ist die Möglichkeit, Bilder ebenso perfekt und billig zu erzeugen und zu verbreiten.

Allem Anschein nach ist jetzt mit dem Computer ein Werkzeug verfügbar geworden, das all jene Verfahren, die bisher nur für Texte bestanden, auf Bilder überträgt. Es beginnt bei der Möglichkeit mit einem eigenen Kleincomputer Bilder auf ähnlich einfache und saubere Weise zu erzeugen wie Texte mit der Schreibmaschine. Mit Hilfe verschiedenster Plotter und Drucker lassen sie sich wiedergeben und, wenn es gewünscht ist, über Telefonleitung oder Funk auch an jeden Teil der Welt weiterleiten. Zur Dokumentation und Verbreitung eignen sich natürlich auch die üblichen Datenträger wie Bänder und Disketten.

Gewiß steht die Bildproduktion heute noch nicht im Vordergrund der Computeranwendungen, und selbst in jenen Fällen, wo er, beispielsweise als Editions- und Lay-out-System, in Gebrauch steht, liegt der Schwerpunkt auf den Texten. Die Tatsache allerdings, daß sich die Anwender nicht mehr mit Schwarzweiß-Bildschirmen begnügen, sondern Farbausgabe fordern, deutet darauf hin, daß die Bilddarstellung immer wichtiger wird. Zu ergänzen ist, daß die Produkte der Computerindustrie ständig an Leistungsfähigkeit gewinnen und dabei auch noch billiger werden. Dieser Effekt, der sich aus der Vervollkommnung der Technik ergibt, wird sich naturgemäß weiter verstärken, wenn das Interesse an der Methode wächst und die Systeme in immer höheren Stückzahlen aufgelegt werden.

Offenbar stehen wir noch am Anfang der Entwicklung – wie das Beispiel der Drucktechnik, der Fotografie oder des Fernsehens zeigten, bedarf es mehrerer Jahre, wenn nicht Jahrzehnte, ehe sich eine grundlegend neue Methode durchsetzt. Im Vordergrund der Erörterung stehen also gewiß technische und kommerzielle Überlegungen. Entscheidender allerdings dürften die Auswirkungen auf die Gesellschaft sein, und das speziell auf dem Feld der Kultur.

Die „unwirklichen" Zahlen

Die Aussichten erscheinen vielversprechend. Liegen die negativen Aspekte des Bildgebrauchs in den Massenmedien begründet, so bietet das Computergrafiksystem die Möglichkeit des individuellen Gebrauchs. Das bedeutet, daß von nun an neben dem Verständigungssystem Sprache auch das Verständigungssystem Bild zur Verfügung steht, und zwar für jeden einzelnen, mit jener Individualität, die dem schriftlichen Austausch von Ideen zukommt. Gewiß, der Computer ist ein weitaus komplizierteres Gerät als Bleistift und Papier, Schreibmaschine oder Druckerpresse, doch, wie die Erfahrung zeigt, ist das kein Hindernis für den Gebrauch. Transistorgerät und Taschenrechner, ohne komplizierte elektronische Technik nicht vorstellbar, findet man in den entlegensten Gebieten der Welt.

Angehörige von Berufen, die mit der Erzeugung und Verbreitung von Texten beschäftigt sind, beispielsweise Verleger und Schriftsteller, sehen der Entwicklung mit gemischten Gefühlen entgegen. Manche meinen, es ginge darum, die Sprache zurückzudrängen und das Bild an ihre Stelle zu setzen. Diese Furcht ist übertrieben. Der sprachlich orientierte Charakter unserer Kultur ist geschichtlich gegeben; er kann und soll nicht rückgängig gemacht werden. Wozu dann aber Bilder?

Offenbar bestehen beachtliche Unterschiede in der Art und Weise, wie das menschliche Gehirn mit Daten umgeht, und zwar in Abhängigkeit von der Form, in der sie geboten werden. Bei der Aufnahme von Schriftzeichen macht der Mensch längst nicht von allen Möglichkeiten Gebrauch, die ihm die Benutzung seiner Augen bietet. Die im Gehirn erfolgende Datenverarbeitung ist imstande, zweidimensionale Gesamtheiten zu überblicken und – aufgrund einer komplizierten Analyse – daraus dreidimensional strukturierte Vorstellungen zu entwickeln. Somit eignet sich das Bild prinzipiell zur Beschreibung aller jener Sachverhalte, denen zwei- oder dreidimensionale Gegebenheiten zugrunde liegen. Und genau dort sollte es auch eingesetzt werden. Es handelt sich also um eine Ergänzung unserer sprachlichen Ausdrucksmittel durch eine andere Methode der Verständigung.

Die Konsequenzen einer solchen Entwicklung reichen bis in die menschliche Psyche hinein. Ein häufigerer Umgang mit anspruchsvollen Bildern würde auf längere Sicht zu einer Sensibilisierung des visuellen Bereichs führen. Wir würden befähigt, Bilder ebenso feinfühlig und kritisch aufzunehmen, wie wir das mit sprachlichen Äußerungen tun, und wir würden es lernen, uns selbst mit Hilfe von Bildern niveauvoll auszudrücken.

Der Einsatz computergrafischer Methoden in der Mathematik ist nur eine kleine Facette im Gesamtkomplex des Geschehens. Es erscheint aber wichtig, die daraus gewonnenen Erfahrungen nicht nur auf didaktisches Material oder künstlerische Experimente zu beziehen, sondern sie auch zur Beurteilung der allgemeinen Lage anzuwenden. Stehen wir wirklich am Beginn eines neuen Zeitalters, in dem die Verständigung durch Bilder mehr Gewicht erhält, dann erwächst daraus die Notwendigkeit, sie nicht der Unterhaltungsindustrie zu überlassen, sondern in intelligenter Weise damit umzugehen. Ein Betätigungsfeld, in dem sich wissenschaftliche Aussage und künstlerischer Ausdruck verbinden, bietet sicher beste Voraussetzungen dafür. Wenn Bilder visualisierter Mathematik aus den Recheninstituten und Laboratorien heraus an die Öffentlichkeit gebracht werden, dann geschieht das nicht zuletzt deshalb, um sowohl Wissenschaftler wie Künstler auf die hier entstandene Innovation aufmerksam zu machen und sie zur Mitarbeit anzuregen. Wie sich herausstellt, sind für die Entwicklung grafischer Verständigungssysteme auch ästhetische Komponenten maßgebend, und somit ist jede diesem Ziel gewidmete Verbindung zwischen Wissenschaft und Kunst zu begrüßen. Beide werden auch weiterhin entscheidenden Anteil an der Gestaltung unserer Welt haben.

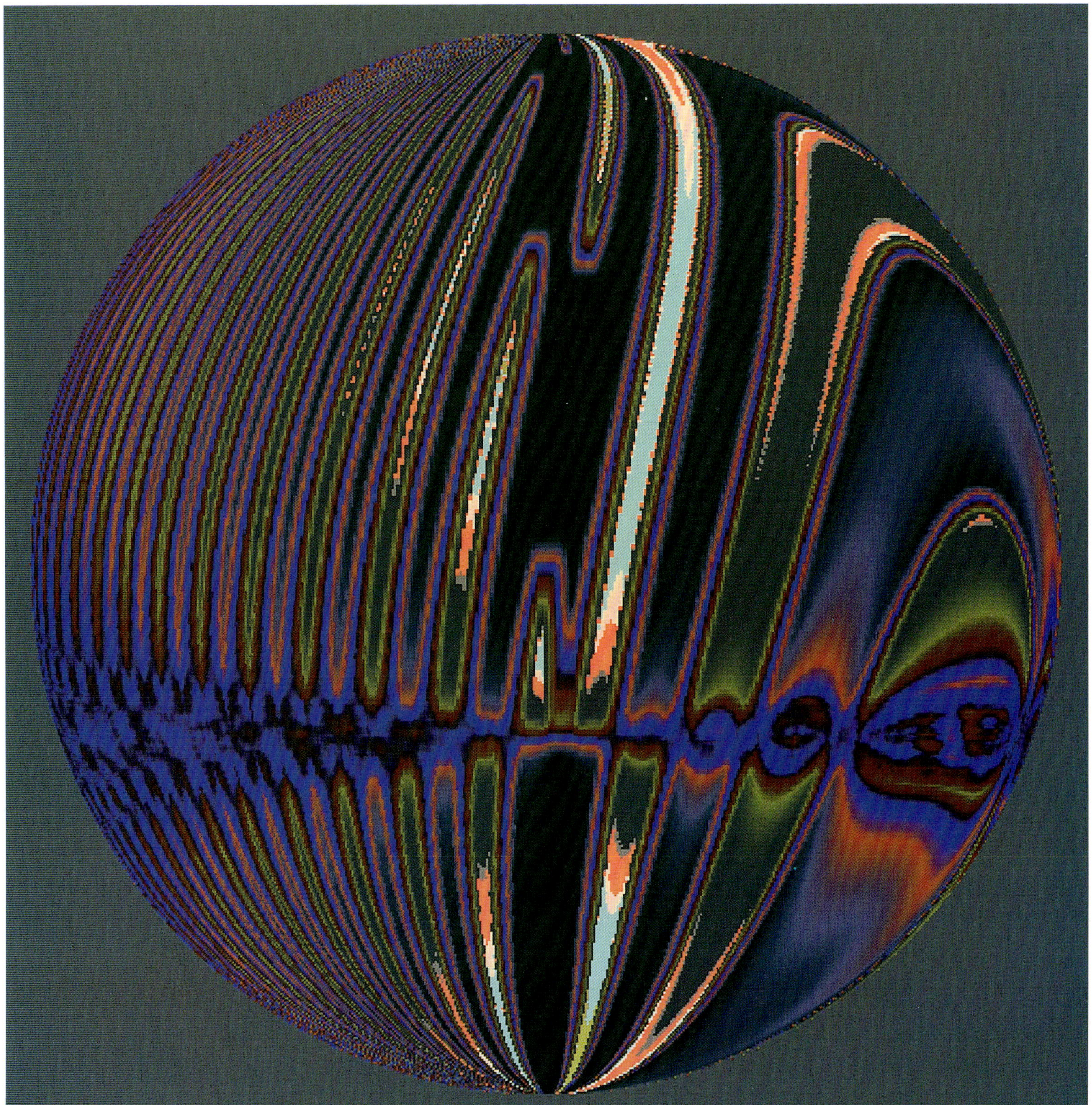

ANHANG

Grafik aus dem Computer

Die für eine Bildverarbeitung nötigen Schritte werden an einem Beispiel verdeutlicht: Ein Bild mit dem Namen VORLAGE soll auf doppelte Breite gedehnt werden. Das dafür nötige Modul hat den Namen FORMAT.

Eingabe von VORLAGE, sodann Eingabe von FORMAT: Zusätzlich sind noch folgende Parameterangaben nötig:
ZEILEN = 400, SPALTEN = 800. Damit ist die Größe des Ausgabebildes definiert. Ist das Eingabebild aus 400 Zeilen und 400 Spalten aufgebaut, dann bleibt die Anzahl der Zeilen unverändert, während sich die Anzahl der Spalten verdoppelt.

Schließlich ist noch die Definition des Namens für das Ausgabebild nötig, beispielsweise VORLDEHN.

Handelt es sich um ein Farbbild, so dauert die Verarbeitung rund zwei Minuten.

Dieses einfache Beispiel ist typisch für die Verarbeitung vorhandener Bilder, für das sogenannte Picture Processing. Das System bietet aber auch die Möglichkeit, Bilder mit Hilfe mathematischer Prozesse neu zu erzeugen. Das Modul, mit denen die meisten der in diesem Buch gezeigten Bilder in ihrer ursprünglichen Form gefertigt wurden, heißt KURVEN. Es enthält eine Anzahl mathematischer Formeln, nach denen der Aufbau des Bildes erfolgt. Sie sind in einer verallgemeinerten Form geschrieben, so daß man durch Festsetzung von Faktoren und Summanden eine unabsehbare Vielfalt von Gestaltungen erreicht. Auch hierzu ein Beispiel:

Gefordert ist das Bild einer Grauwertskala, eines Übergangs vom Grauwert Null = schwarz, am linken Bildrand positioniert, zum Grauwert 255 = weiß, der am rechten Bildrand erscheinen soll. Für die Bildgröße sind 256 x 256 Pixel vorgesehen.

Die Vorschrift zur Produktion dieses Bildes lautet: GRAU (als Symbol)= SPA – 1. Dabei bedeutet SPA die Spaltennummer. Dieser Vorgang wird nun für alle weiteren 255 Zeilen wiederholt.

Für die Programmierung der mathematischen Prozesse wurde die Sprache FORTRAN verwendet, doch könnte man im Prinzip genauso gut BASIC, PASCAL usw. einsetzen.

Algebraische Landschaft

Algebraische Landschaften

Eine Funktion f (x, y) = 0 stellt eine Kurve in der X-Y-Ebene dar. Durch die Erweiterung auf z = f (x, y) erhält man eine Raumfläche mit der Höhe z über der X-Y-Ebene z = 0. Die Werte x und y sind Spalten- und Zeilennummer, der Wert z der Grauwert des Computerbildes.
Damit x und y in einem grafisch interessanten Bereich der Funktion liegen, nimmt man eine lineare Transformation vor:
x = XFAK * (SPALTE – XDIF) und
y = YFAK * (ZEILE – YDIF).
Bei symmetrischen Bildern ist die x- und y-Differenz so gewählt, daß der Nullpunkt in der Bildmitte liegt, bei Bildern der Größe 1024 x 1024 also XDIF = YDIF = 512. Da bei Polynomen der Wert z bei großen Werten für x und y sehr stark zunimmt und man damit in grafisch uninteressante Bereiche kommt, wählt man meist kleine Faktoren, z. B. XFAK = YFAK = 0,001.
Die auf dem Bildschirm und bei der Ausgabe darstellbaren Grauwerte liegen im Bereich von 0 bis 255. Was geschieht nun, wenn der Wert z kleiner als 0 und größer als 255 wird? Da nur ganzzahlige Werte möglich sind, werden die Zahlen gerundet. Zahlen, die außerhalb des Bereiches liegen, werden Modulo 256 abgeschnitten. Das heißt, der Wert 256 wird zu 0 = Schwarz, der Wert –1 zu 255 = Weiß usw ...

Durch die starke Variation des Wertes z am Bildrand ergeben sich moiréartige Muster, die bei einigen Bildern bewußt verwendet werden (siehe Bild Seite 43).
Die gezeigten Bilder sind aus algebraischen Polynomen bis zum 4. Grad berechnet worden. Eine allgemeine Formel für eine Funktion 4. Grades lautet:

$$z = Ax^4 + Bx^3y + Cx^2y^2 + Dxy^3 + Ey^4 + Fx^3 + Gx^2y + Hxy^2 + Iy^3 + Kx^2 + Lxy + My^2 + Nx + Oy + P$$

Durch Wahl geeigneter Faktoren A, B, C, ... kann man vielfältige algebraische Formen erhalten. Eine bekannte Funktion ist die 'Teufelskurve'

$$z = y^4 - x^4 - 48 y^2 + 50 x^2.$$

Will man eine eindeutige Zuordnung des Grauwertes zu dem Funktionswert z, so kann man eine nichtlineare Kompression durchführen, z. B. durch Logarithmieren nach folgender Vorschrift (siehe Bild Seite 27):

$$z < 0 : GRAU = 127 - 10 \, LOG \, (-z)$$
$$z = 0 : GRAU = 127$$
$$z > 0 : GRAU = 127 + 10 \, LOG \, (+z)$$

Die Kurvengestalt wird stark durch die Wahl der Faktoren A, B, C ... verändert. Für die Funktion

$$z = A (x^2 - 1) (y^2 - 1) (x^2 + y^2 - 4) + B (x^2 - 1)^2 + C (y^2 - 1)^2$$

wurden die Faktoren A, B und C nach folgender Tabelle geändert (siehe Bilder Seiten 24/25):

Nr.	A	B	C
1	2	1	1
2	10	1	10
3	4	1	2
4	10	1	2
5	10	6	2
6	20	1	2
7	10	10	2
8	22	1	20

Die Vielfalt der Kurvenformen wird noch erweitert, wenn man gebrochene Polynome verwendet oder sie durch Hinzunahme trigonometrischer Funktionen erweitert.
Der Besitzer eines Personalcomputers ist durch die geringe Zahl der darstellbaren Grauwerte und Farben stark eingeschränkt und muß sich sinnvollerweise nur auf kleine Ausschnitte der Funktionen beschränken.

Moiré – Das Abbild der Wellen

Verwandlungsspiele

In der Kartographie wird die gekrümmte Erdoberfläche auf eine ebene Kartenfläche projiziert. Hier wurde der umgekehrte Weg gegangen. Ein ebenes, quadratisches Bild wurde auf eine gekrümmte Raumfläche übertragen. Zur Darstellung auf dem Bildschirm mußte dann allerdings nochmals die gekrümmte Raumfläche mittels einer Parallelprojektion auf eine ebene Fläche abgebildet werden. Einige Beispiele mit einem Schachbrettmuster zeigen dies (siehe Bild Seite 52). Für die Farbbilder wurden quadratische Muster auf eine Kugelhalbschale vermittels einer inversen Mercatorprojektion abgebildet und dann nochmals mit einer Parallelprojektion wieder als ebenes Bild dargestellt.

Eine andere Art der Abbildung sind die perspektivischen oder 3D-Abbildungen, die man von CAD-Systemen her kennt. Man stellt sich ein Schwarzweißbild wieder als Raumfläche vor und trägt in dieses Modell Höhenlinien ein. Blickt man nun unter einem bestimmten Winkel auf diese Höhenlinienlandschaft, so erhält man die gesuchte perspektivische Ansicht, wobei die verdeckten Höhenlinien nicht gezeichnet werden. Die gezeigten Bilder sind aus Ausschnitten algebraischer Kurven entstanden. Die Programme wurden für die künstlerisch-grafischen Zwecke noch modifiziert, so daß die Höhenlinien in verschiedenen Farben wiedergegeben werden können.

Mathematische Felder

Physikalisch relevante Felder wie z. B. das Gravitationsfeld von Punktmassen sind für grafische Zwecke wenig sinnvoll. Die Gravitation nimmt mit dem Abstand proportional zu 1/R ab; für mehrere Punktmassen wird sie additiv überlagert. Deshalb wurde für diese Bilder eine willkürliche mathematische Feldfunktion gebildet, etwa in folgender Weise:

$$z = A * RICHT * \sin(B * DIST + C)$$

$$\text{mit } RICHT = (x - x1) / (y - y1)$$

$$\text{und } DIST = (x - x2)^2 + (y - y2)^2$$

A, B und C sind frei wählbare Faktoren, und die Punkte P1 (x1, y1) und P2 (x2, y2) können beliebig innerhalb oder außerhalb des Bildes gewählt werden.

Je nach Lage der beiden Fixpunkte zueinander und besonders durch die Wahl des Faktors B ergeben sich die gezeigten Bilder.

Kalte Logik

Von den drei logischen Verknüpfungen ODER, UND und EXKLUSIVES ODER (XOR - exclusive or) liefert letztere die grafisch interessantesten Bilder. Bereits eine waagerechte und eine senkrechte Grautreppe mit den Werten 0 bis 255 ergibt mit XOR verknüpft reizvolle Motive (siehe Bilder Seiten 88/89). Für die logische Verbindung von 2 dualen Werten 0 (Schwarz) und 1 (Weiß) ist das Ergebnis erklärt (siehe Bild Seite 99). Wie aber sieht das Ergebnis für Grauwerte zwischen 0 und 255 aus? Die Zahl wird binär zerlegt, und die Binärstellen werden einzeln logisch miteinander verknüpft, wie das nachstehende Beispiel zeigt:

```
Grauwert         107 = 0 1 1 0   1 0 1 1
XOR Grauwert      87 = 0 1 0 1   0 1 1 1
                       ─────────────────
Grauwert          60 = 0 0 1 1   1 1 0 0
```

Die reizvollsten Ergebnisse erhält man durch Kombinieren von Bildern algebraischer Funktionen mit einfachen Mustern wie Grautreppen oder Kreisringe.

Kalte Logik

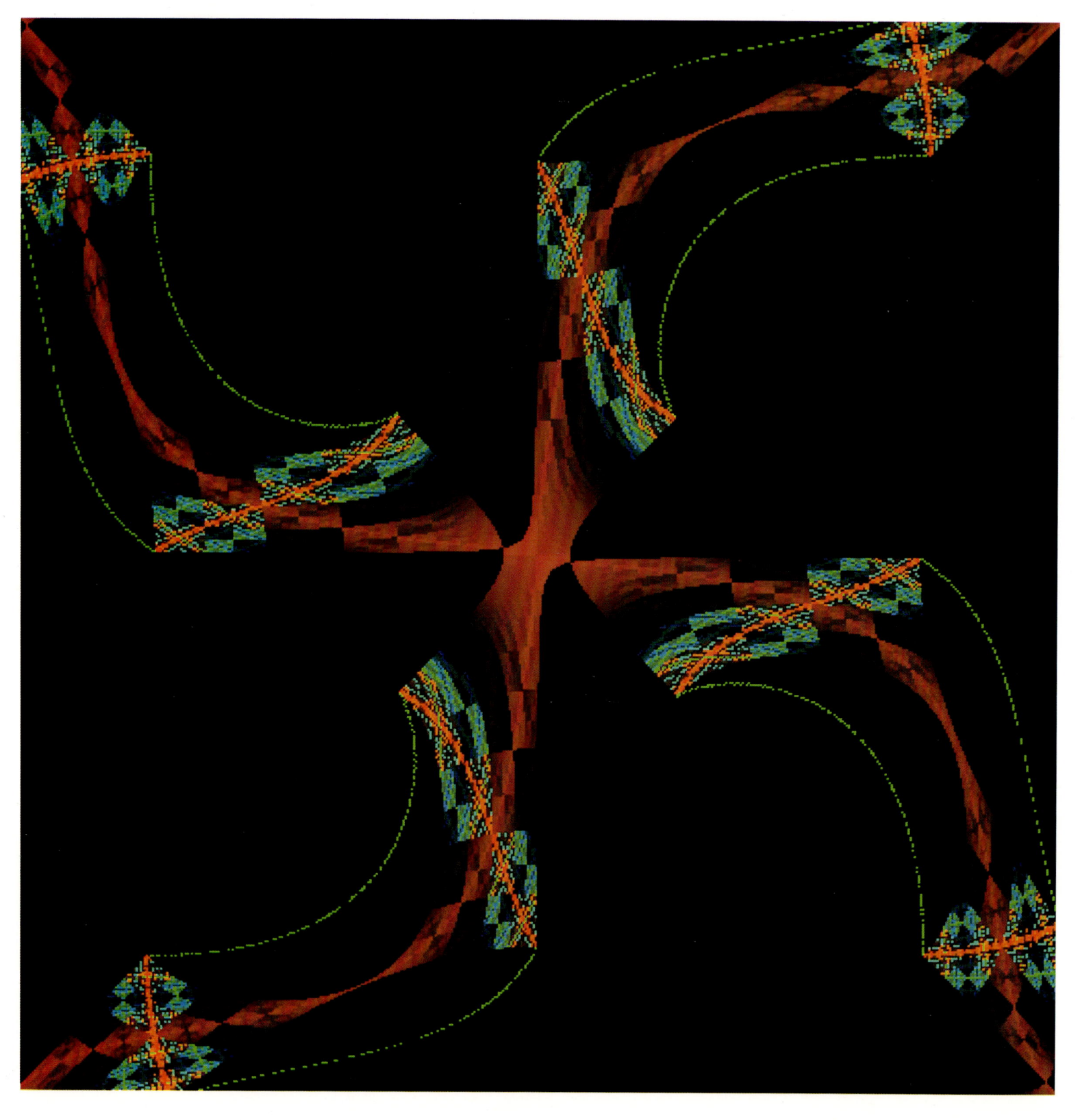

Gebrochene Dimensionen

Die Programme zur Erzeugung von Fraktals sind sehr einfach, benötigen aber eine lange Rechenzeit.
Für die Bilder wurde die einfache Formel gewählt:

$$z := z_0 * z^2 + z_1$$

Die z-Werte sind komplexe Zahlen mit $z = x + iy$. z_0 und z_1 sind feste komplexe Zahlen. Als Anfangswert wählt man für $z = x + iy$ die Spaltennummer x und die Zeilennummer y des Bildelementes. Man setzt diesen Wert ein und berechnet die rechte Seite der Formel. Das Ergebnis, wieder eine komplexe Zahl, setzt man wieder für z ein und wiederholt diese Prozedur. Für die Folge der z-Werte gibt es zwei Möglichkeiten: Entweder werden sie immer größer, d. h. ihr Betrag wächst, oder die Zahl strebt einem Endwert zu, d. h. bei oftmals wiederholtem Einsetzen ändert sich die Zahl immer weniger. Es gibt auch noch einige andere Möglichkeiten, die hier aber nicht von Bedeutung sind.

Die Anzahl der Wiederholungen oder Iterationen, bis der Wert sich nicht mehr verändert, werden als Grauwert für den beim Beginn eingesetzten Bildpunkt verwendet. Konvergiert der Prozeß nicht und die Zahlen werden immer größer, so wird der Prozeß abgebrochen und der Grauwert 0 eingesetzt. Liegt die Zahl der Iterationen über 255, so wird bei 255 abgebrochen. Dies zeigt, daß für jeden Bildpunkt bis zu 255 komplexe Rechnungen durchgeführt werden müssen, was die Rechenzeit sehr stark ansteigen läßt.

Für die Formel $z := z^2 + z_1$ mit $z_1 = 0{,}31 + 0{,}04i$ wurde das Bild mit etwa 1000 x 2000 Bildpunkten berechnet, was etwa 20 Stunden Rechenzeit benötigte.

Unwirkliche Zahlen

Die komplexen Zahlen $z = x + iy$ sind hier nicht als Höhe oder Grauwert zu denken, sondern bezeichnen einen Punkt P (x,y) im Originalbild mit der Spalte x und der Zeile y. Jeder Zahl z kann man mit einer Funktion f(z) eine neue komplexe Zahl $w = u + iv$ zuordnen: $w = f(z)$. Diese Zahl w bestimmt den Ort, an den der Grauwert des Punktes z übertragen, d. h. abgebildet wird.
Man erhält ein neues Bild mit einer anderen Anordnung der Bildelemente, die durch die Funktion f(z) bestimmt wird. Diese Abbildung nennt man auch konforme Abbildung, da gewissen Beziehungen, wie die Winkel zwischen zwei sich kreuzenden Linien, im Original und Abbild bestehen bleiben.
Im Abbild gibt es Bildpunkte, für die im Originalbild kein entsprechender Bildpunkt vorhanden ist. Solche Bildpunkte werden mit einem Hintergrundgrauwert aufgefüllt.
Für die konforme Abbildung eignen sich einfache Figuren, Grautreppen, Kreise, Linienmuster. Ebenso werden einfache Funktionen der Art $w = z_0 * z^{z_1}$ (mit z_0 und z_1 als feste komplexe Zahlen) verwendet, da sonst sehr unübersichtliche Figuren entstehen, die nur ein wirres Durcheinander von Grauwerten ergeben. Reizvolle Muster entstehen mit Hilfe der einfachen Funktionen $w = z^i$ (Drehung) und $w = 1/z$ (Spiegelung am Kreis), die bei den gezeigten Bildern verwendet wurden.

Gebrochene Dimensionen

Die „unwirklichen" Zahlen

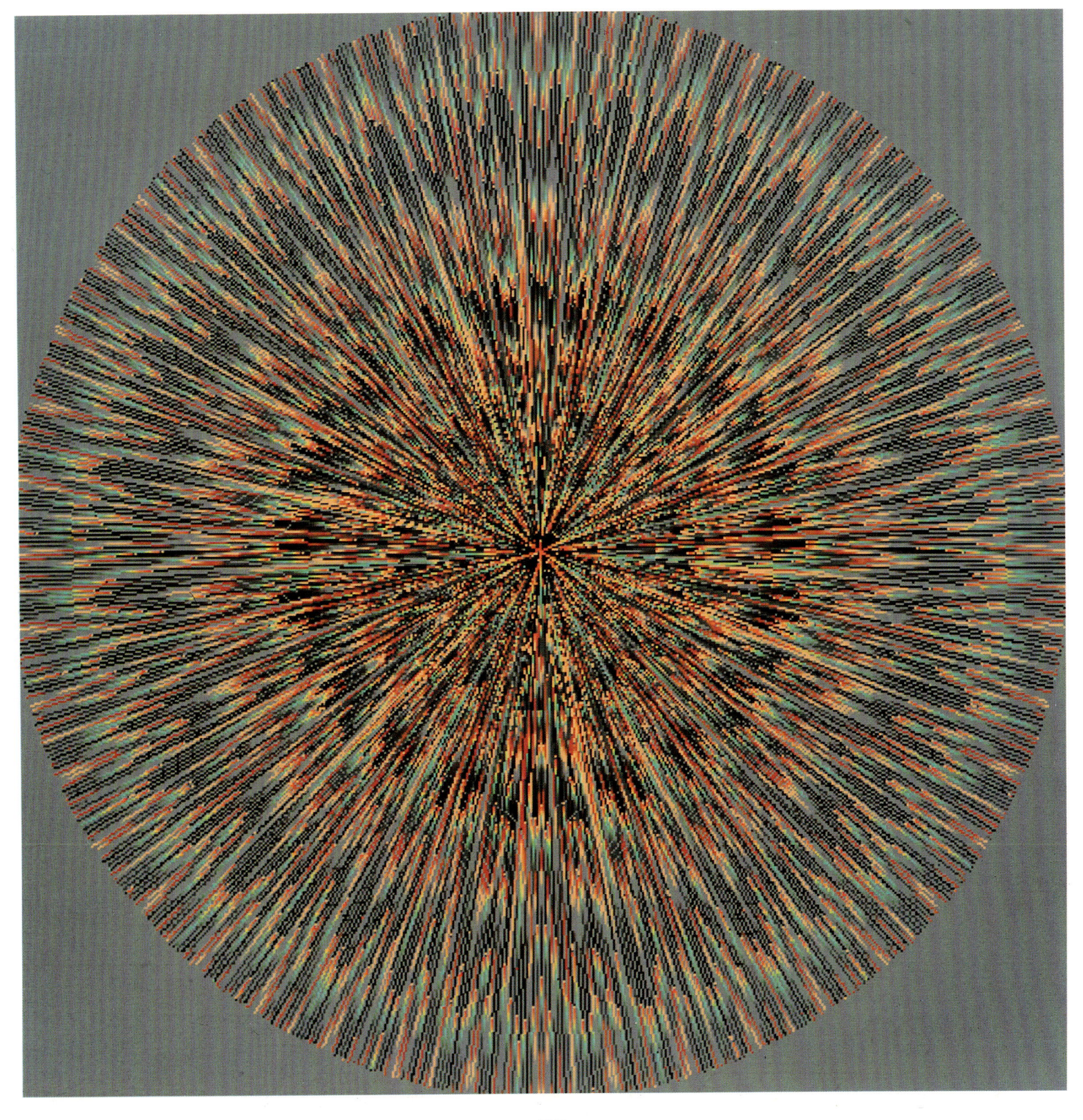

Mathematische Ornamente

Nach der Fouriertheorie kann jede periodische Funktion in eine Summe von Sinus- und Cosinuskurven zerlegt werden. An dem Beispiel einer Rechteckkurve kann die Harmonische Analyse demonstriert werden. Die Formel lautet:

$$y = \cos 1x - \frac{1}{3}\cos 3x + \frac{1}{5}\cos 5x - \frac{1}{7}\cos 7x + \cdots$$

oder als Summenformel geschrieben:

$$y = \sum_{K=1}^{\infty} (-1)^{K-1} \cdot \frac{1}{2K-1} \cdot \cos(2K-1)x$$

Der Faktor vor dem Cosinus ist die Amplitude a, der Faktor beim x ist die Frequenz ω. Anstelle einer Funktion $y = f(x)$ kann man so auch für eine vollständige Beschreibung der Kurve eine Funktion $a = f(\omega)$ nehmen. Dies ist nur eine andere Darstellungsweise, eine Darstellung im Frequenzraum. Diese Art der Darstellung ist aber nicht anschaulich und kann nur mathematisch gedeutet werden. Die Bilder zeigen (siehe Abbildung Seite 136) die Entstehung der Rechteckkurve aus den acht ersten Komponenten. Man sieht deutlich, daß die Gestalt sich mit wachsender Zahl der Komponenten immer mehr der Rechteckkurve nähert.
Hat man keine periodische Funktion, so wird aus dem Summenzeichen ein Integral. Hat man eine zweidimensionale Funktion, wie es bei einem Bild der Fall ist, so erhält man ein doppeltes Integral.

Nach diesem Verfahren kann also ein normales Bild in ein Fourierbild transformiert werden, bei dem die Koordinate des Bildpunktes, d. h. Zeile und Spalte, der Frequenz und der Grauwert der Amplitude entsprechen. Beim Betrachten des Fourierbildes ist es unmöglich, sich das ursprüngliche Bild vorzustellen. Man erhält aber trotzdem interessante grafische Muster, wenn man Ausgangsbilder mit einfachen Formen, z. B. Buchstaben, transformiert. Für ein einfaches Dreiecksmuster sind zwei transformierte Bilder dargestellt (siehe Bilder Seite 142).
An einem Beispiel ist eine zweite Art, das Bild zu verfremden, dargestellt (siehe Abbildung Seite 139) – der Buchstabe G wird in den Fourierraum transformiert. Das Fourierbild wird aber verändert, indem man bestimmte Stellen des Bildes mit dem Grauwert $\emptyset$, also der Amplitude 0, besetzt. Dann transformiert man das Bild wieder zurück und erhält anstelle des Originalbildes ein ähnliches, welches mit Ornamenten versehen ist. Das Bild des Buchstaben G wurde bei zwei Beispielen an unterschiedlichen Stellen auf 0 gesetzt. Die zwei verwendeten Filter und die Ergebnisse der Rücktransformation sind in den Bildern gezeigt.
Auf diese Weise kann man aus einer vorgegebenen Schrift ornamentale Schriften herstellen (siehe Abbildung Seite 143).

Mathematische Ornamente

Das Gesetz des Zufalls

Die Grauwerte eines Bildes sind Zahlen zwischen 0 und 255. Diese Werte werden normalerweise nach einer mathematischen Gesetzmäßigkeit berechnet. In einem Zufallsbild sollen die Grauwerte rein zufällig gebildet werden; nur für eine große Anzahl von Bildelementen kann man aus statistischen Gesetzen die Grauwertverteilung bestimmen.
Am Beispiel eines Würfels, mit dem man die Zahlen 1 bis 6 würfeln kann, ist dies noch einmal deutlich gemacht (siehe Tabelle Seite 154). Bei einer sehr großen Anzahl von Würfen wird die Abweichung von der Gleichverteilung, bei der jede Zahl gleich häufig vorkommt, immer geringer. Unsere Bilder haben eine sehr große Anzahl von Bildelementen, hier meistens 1024 x 1024, mehr als eine Million. Wie kann man mit einem Computer ein solches Zufallsbild erzeugen? Es gibt ein sehr einfaches Programm, welches zufällig und gleichverteilt Zahlen zwischen 0 und 1 erzeugt. Man beginnt mit der Eingabe einer Startzahl (ungleich 0). Diese Zahl wird mit 65539 multipliziert, und man erhält eine neue Zahl. Diese ist gleichzeitig die nächste Startzahl. Man multipliziert sie nochmals mit der Zahl $0{,}46566129 \cdot 10^{-9}$ und erhält eine Zufallszahl kleiner als 1. Ist die Zahl negativ, so wird das Vorzeichen gewechselt. Die Würfelergebnisse wurden nicht durch wirkliches Würfeln erzielt, sondern mit diesem Zufallszahlengenerator. Dafür wurden die Zufallszahlen noch mit 6 multipliziert und auf ganze Zahlen aufgerundet.
Auf die gleiche Weise werden Zufallsbilder erzeugt, indem man die Zufallszahlen mit 255 multipliziert und rundet. Dieses Zufallsbild wird nachträglich noch weiter bearbeitet. Man kann die Grauwerte zwischen 0 und 127 zu 0 (= Schwarz) und die Werte zwischen 128 und 255 zu 255 (= Weiß) machen. Immer kleinere Ausschnitte aus diesem Bild zeigen die willkürliche Verteilung von schwarzen und weißen Bildelementen (siehe Abbildungen Seite 165).

Eine andere Möglichkeit ist es, das Verhältnis zwischen schwarzen und weißen Bildelementen zu verändern (siehe Abbildungen Seite 162). Für grafische Zwecke nutzbare Bilder ergeben sich vor allem bei einer Mittelung des Bildes. Dadurch werden große Grauwertschwankungen geglättet. Man schiebt ein Fenster über das Bild. Das Fenster enthält z. B. 3 x 3 = 9 Bildelemente. Alle Grauwerte im Fenster werden zusammengezählt und durch die Anzahl der Bildelemente, hier 9, geteilt. Dieser neue Grauwert ersetzt den Grauwert des Bildelementes, das in der Mitte des Fensters liegt. So verschiebt man das Fenster über das ganze Bild und erhält ein gemitteltes Bild. Von diesem Bild kann man einen Ausschnitt vergrößern und wieder mitteln. Die gezeigten Bilder sind so entstanden, wobei der Ausschnitt und die Fenstergröße variiert wurden.

Sachwortverzeichnis

Abbildung 45, 46, 53, 56, 59, 94, 130, 142, 193
Abbildung, konforme 130, 193
Algebra 10, 21, 82, 86
Algebra, Boolesche 82, 86, 98
Algorithmus 21
Amplitude 136, 146, 196
Analyse, harmonische 134, 142, 196
Analysis 21
Analytische Geometrie 10, 22, 27
Apfelmännchen 114
Arithmetik 10, 81, 82, 86
Ästhetik, rationale 171
Ästhetik, experimentelle 171
Auflösung 16, 38
Axiom 82, 86, 122

Boolesche Algebra 82, 86, 98
Boolesche Logik 86, 91
Bildverarbeitung 14

CAD (-Computer Aided Design) 14, 16, 17, 133, 180
Cosinusfunktion 134, 136

Darstellende Geometrie 53
Dehnung 53
Diagramme, Vennsche 182
Dibias 17, 18, 20
Differentialrechnung 64, 70, 78, 122
Digitalisiersystem 14
Digitalteilchen 74, 78
Dimension, gebrochene 101, 102, 114
Drehung 51, 52
Dynamisches System 104

Experimentelle Ästhetik 171
Entropie 160, 161

Farbauszüge 14
Farbtreppe 20
Filter 196
Feldlinien 68
Fourier-Analyse 138, 142, 150
Fourier-Synthese 142
Fourier-Theorem 174
Fourier-Transformation 142, 146, 150
Fraktals 27, 101, 102, 104, 110, 114, 150, 193
Frequenz 196
Funktion 136

Game of Life 78
Gebrochene Dimension 101, 102, 114
Geometrie 81, 82, 102
Geometrie, Analytische 10, 27
Geometrie, Darstellende 53
Geordnete Zahlenpaare 124
Gestaltbildungsprozesse 168
Gleichungen 11, 21, 22, 27, 46, 52, 117, 129
Gleichverteilung 153, 198

Goldener Schnitt 171
Gradient 70
Gradientenwerte 164
Graukeil 99
Graphen 10
Grauwert 16, 59, 110, 133, 146, 187, 189, 191, 193, 198
Grauwertskala 18, 20, 187
Größen, imaginäre 117, 118
Gruppen 51, 182
Gruppentheorie 124

Hardware 14
Harmonische Analyse 134, 142, 196
Höhenlinien 191
Höhenliniendarstellung 27, 38, 58

Imaginäre Zahlen 117, 118
Informatik 78
Information, ästhetische 171
Informationstheorie 171, 176, 178
Innovation 178
Integralrechnung 64, 78, 122
Interferenzen 35, 139
Iteration 193

Kaleidoskop 146, 178
Kathodenstrahloszillograph 13
Kegelschnitte 22, 38
Komplexe Zahlen 117, 118, 122, 124, 126, 129, 130, 193
Konforme Abbildungen 130, 193
Kraftfelder 32, 66, 68, 70, 72
Kurvenanalyse 27, 32
Kybernetik 78

Limes 122
Logarithmen 122, 129
Logik 81, 82, 86, 91, 98, 99, 118

Matrix, Matrizen 59, 64
Matrizenrechnung 59, 64
Menge 86
Mengenlehre 86, 182
Mittelungsprozeß 164, 168
Mittelwertbildung 164
Modul 18, 20, 187
Moiré 35, 38, 40, 139

Naturschönheit 172

Perspektive 27, 53, 56
Parallelperspektive 58
Phase 129
Picture Processing 14, 133, 187

Pixel 13, 16, 18, 187
Plotter 13, 14, 182
Polynome 134, 189
Potential 68, 70
Potentialfeld 70, 72
Potentialfunktion 74
Projektion 53, 56, 129
Projektive Geometrie 56
Pseudozufall 164
Punktspiegelung 51, 146

Quantisierung 74

Rastergrafiken 13
Rationale Ästhetik 171
Rationale Zahlen 122
Raumflächen 22, 27, 189, 191
Räumliche Auflösung 16
Redundanz 176, 178
Reelle Zahlen 122
Rollkugel 20
Rotation 51

Schneeflockenkurve 101, 114
Selbstähnlichkeit 114
Sinusfunktion 74, 129, 134, 136
Software 14
Spiegelung 51, 52, 53
Stauchung 53
Statistik 154
Stereoskopisches Sehen 56
Stetigkeit 27, 70, 176, 178
Symmetrie 51, 146, 150, 176, 178
System, dynamisches 104

Transformation 45, 46, 51, 52, 53, 130, 133, 189
Trigonometrie 126

Vektoren 64, 68, 124, 129
Vektorfeld 64, 68
Vektorgrafiken 13
Vektorrechnung 68, 124
Vennsche Diagramme 182
Verdrillung 53
Verschiebung 51, 52

Wahrheitstabelle 86
Wahrheitstafel 86, 98
Wahrscheinlichkeitsrechnung 153, 154, 168
Wellenlänge 136, 142, 146
Wellenlinie 136
Wurzeln 22, 76

Zahlenfeld 59, 64, 68, 110
Zahlen, imaginäre 117, 118
Zahlen, komplexe 117, 118, 122, 124, 126, 129, 130, 193
Zahlenpaare, geordnete 124
Zentralperspektive 56
Zufall 114, 153, 158, 160, 161, 162, 164, 168
Zufallsgenerator 130, 161, 162, 164

Literaturempfehlungen

Die diesem Buch zugrundeliegenden Sachverhalte entstammen der elementaren Mathematik und sind in vielen einführenden Lehrbüchern behandelt; das Literaturverzeichnis beschränkt sich daher auf einige spezielle Themen, auf die in einzelnen Kapiteln Bezug genommmen wurde – insbesondere auf die Zusammenhänge zwischen Mathematik, Bild und Kunst.

Baravalle, Hermann von: Geometrie als Sprache der Formen. Freiburg i. Br.: Novalis-Verlag. 1957.

Breitenbach, W.: Formenschatz der Schöpfung. Berlin-Charlottenburg: Vita Deutsches Verlagshaus. 1913.

El-Milick, Maurice: Éléments d'algèbre ornementale. Paris: Verlag Dunod. 1936.

Franke, Herbert W.: Computergrafik – Computerkunst. 2. Auflage. Heidelberg, Berlin, New York, Tokyo: Springer-Verlag. 1985.

Franke, Herbert W.: Leonardo 2000. 2. Auflage. Frankfurt am Main: Suhrkamp Verlag. 1987.

Guderian, Dietmar (Hrsg.): Mathematik in der Kunst der letzten dreißig Jahre. Ausstellungskatalog. Ludwigshafen am Rhein: Wilhelm-Hack-Museum. 1987.

Haeckel, Ernst: Kunstformen der Natur. Leipzig und Wien: Verlag des Bibliographischen Instituts. 1904.

Haeckel, Ernst: Die Natur als Künstlerin. Berlin-Charlottenburg: Vita Deutsches Verlagshaus. 1913.

Magnenat-Thalmann, Nadia/Thalmann, Daniel: Computer Animation. Heidelberg, Berlin, New York, Tokyo: Springer-Verlag. 1985.

Mandelbrot, Benoit B.: Les objets fractals: forme, hasard et dimension. Paris: Editeur Flammarion. 1975.

Mandelbrot, Benoit B.: The fractal geometry of nature. San Francisco: W. H. Freeman and Company. 1982.

Peitgen, Heinz-Otto/Richter, Peter H.: The Beauty of Fractals. Heidelberg, Berlin, New York, Tokyo: Springer-Verlag. 1986.

Weyl, Hermann: Symmetrie. Basel und Stuttgart: Birkhäuser-Verlag. 1955.

Zuse, Konrad: Rechnender Raum. Braunschweig: Friedr. Vieweg + Sohn GmbH. 1969.